## #1

| | | | | | | | | | | | | | | | |
|---|---|---|---|---|---|---|---|---|---|---|---|---|---|---|---|
| | | 15 | | 9 | 11 | 3 | | | 5 | | | 10 | 13 | | 16 |
| | 9 | | | 15 | | | | 11 | 6 | | | | 1 | | |
| 12 | | 2 | | | | | | 16 | | | | | | | |
| | | | | | | 2 | | 10 | | | | 14 | 8 | | 7 |
| | | | | | | | | | | | | | | | |
| | | | 11 | 10 | 3 | | | | | | | | | 9 | |
| | | | 15 | | | | | 11 | | | | | | | |
| 4 | | | | | | | | | 5 | | | | | | 10 |
| | | | | 8 | | 6 | | 4 | | | 12 | | | | |
| 3 | | 12 | | | | | | 6 | | | | 1 | | | |
| 1 | | | | 12 | | | | 7 | 14 | | 2 | | | | |
| 15 | | 4 | | 16 | | | 10 | 3 | | | 5 | | | 6 | |
| 9 | | | | | 1 | | | 15 | | 2 | | | | | 6 |
| | | | | | 3 | | | | | | | 13 | | | 15 |
| | | | | 10 | 13 | | | | 3 | 11 | | | 7 | 1 | |
| | 4 | | | 15 | | | 9 | | | | 1 | | 14 | | |

## #2

| | | | | | | | | | | | | 4 | | | |
|---|---|---|---|---|---|---|---|---|---|---|---|---|---|---|---|
| | 4 | | | 13 | 15 | 1 | 6 | | | 16 | 14 | 5 | | | |
| | | 11 | | | 4 | | | 1 | 13 | | | 15 | | 3 | |
| | | 2 | | | | | | 10 | | | | 16 | | | 1 |
| | | | 5 | | | | | 11 | 10 | | | | | | |
| 11 | | | | | | | | 15 | 6 | | | | | | 7 |
| | | 13 | | | | | | | | | 8 | | | | |
| | | 14 | 1 | | | 6 | | | | | | | | | |
| | | | | | 10 | 2 | | | 9 | 12 | | | 7 | | |
| | 5 | | | 1 | | | | | | 10 | | | | | 9 |
| | | | 7 | 15 | | 16 | | | 4 | 13 | | 11 | | | 3 |
| | 14 | | 9 | 6 | | 8 | | | | | | | | | |
| | | | | 9 | | | | | | | | | | 4 | 13 |
| 6 | | 5 | 13 | | | | | 8 | | | 10 | | 3 | | |
| | | 15 | | 3 | | 4 | | | | | | | | | 12 |
| | | | | | | | 3 | | | | | | | 14 | |

#3

| | | | | | | | | | | | | | | | |
|---|---|---|---|---|---|---|---|---|---|---|---|---|---|---|---|
| | 11 | | | | | 13 | | | 12 | | 14 | | | | |
| 12 | 7 | 15 | | | 2 | 5 | | 11 | | 1 | | | 8 | | 16 |
| 3 | 8 | | | | | | | 5 | | | | | | | |
| | | 9 | | | | | 16 | | 8 | | | 3 | | | |
| 9 | | | 8 | 2 | | | | 13 | | | 4 | | | | |
| | 3 | | | 16 | | | | | 5 | | | | | | 12 |
| | 6 | | | | 7 | | | | | | | | | | |
| 13 | 15 | | | | 3 | | | 14 | 16 | | 11 | | | 5 | |
| 15 | 14 | | | | 9 | | 10 | | 7 | | | | | | 1 |
| | | 6 | | | | | | | 15 | | 13 | | 14 | | 5 |
| 7 | | | | | | | | | | | 1 | 2 | 3 | 12 | |
| | | | | | | | | 4 | 2 | | | 15 | | | |
| 10 | | | | 14 | | | | | | | | | | | |
| | | | 6 | | 9 | 5 | | | 16 | | | | | | |
| 11 | | | 7 | | 6 | 13 | | | | | | | | 8 | |
| | | 4 | 15 | 3 | 12 | | | | 1 | | | | | 16 | 11 |

#4

| | | | | | | | | | | | | | | | |
|---|---|---|---|---|---|---|---|---|---|---|---|---|---|---|---|
| 16 | | | 14 | | | | | 15 | | 11 | 13 | | | 12 | |
| | | | 15 | | | | | | | | 9 | | | | 5 |
| | | | | | | 15 | 12 | | | | | | | 11 | |
| | | | 12 | | | 4 | 14 | | 7 | 3 | | 9 | 13 | 15 | |
| | | | | | 14 | | 2 | | 4 | 10 | 8 | 3 | | | 15 |
| | | | | | 15 | | | | | 9 | | | | | |
| | 2 | | | | | | | | 14 | | 16 | 8 | | | |
| 3 | | 14 | | | | | | 6 | | 7 | | 12 | | | |
| 11 | | | | | | | | | 5 | | | | | | |
| | | 16 | 9 | | | | 8 | 7 | | | 14 | | 5 | 4 | 11 |
| | | 5 | | 4 | 3 | | | 16 | | | | | | 2 | |
| | | 6 | | | | | | | | | | | | | |
| | | | | | 12 | | | 5 | 8 | | | 15 | 10 | | |
| | 13 | | 1 | 6 | 8 | | | | | | | | | | |
| | | 3 | | | | 10 | | | 1 | 14 | | | 8 | | 6 |
| | | 5 | 10 | | | | 15 | 3 | | 6 | | | | 1 | |

4

## #5

| | | | 9 | | | | 8 | | | 2 | | | | | 13 |
|---|---|---|---|---|---|---|---|---|---|---|---|---|---|---|---|
| | 2 | 9 | 13 | 16 | | | 4 | | | | | | | | 15 |
| | 14 | | | | 11 | | | | | | | | 5 | | |
| | 7 | 13 | | | | | 1 | | 14 | 9 | 4 | 6 | | | |
| | | 14 | | 4 | 7 | | 5 | 13 | | | | | | | 9 |
| | | 14 | | | | | | 2 | | | | | 13 | 4 | |
| | 9 | | | 1 | | | | | | | 15 | | | | |
| | 8 | | | | 15 | 16 | 6 | | 14 | 7 | | | 2 | 11 | |
| | 12 | | | | | | | | | | | | | | |
| | | | | | | | | | 12 | 16 | | | 15 | 9 | |
| | | | | 10 | 2 | | 4 | | | | 12 | | | | |
| | | 5 | | | | | | | | 8 | | 3 | | | |
| | 10 | | | | 7 | | 5 | | | | | 8 | | 13 | |
| | | 7 | | | | | 12 | | 3 | | | | | 15 | |
| 12 | | | 15 | | 11 | | | | 5 | 3 | | | | | 4 |
| | 6 | 15 | | 3 | | | | | | 16 | | | | | |

## #6

| | | | | | | | | | | | | | | | |
|---|---|---|---|---|---|---|---|---|---|---|---|---|---|---|---|
| 16 | | | | | | | | | | | 14 | | | | 9 |
| | | | 11 | | | | | | 9 | | | | 5 | | |
| | | | | 9 | | 16 | 2 | | 8 | | | 11 | | | |
| 2 | 3 | 8 | 9 | | | 7 | | 11 | 15 | | 6 | 16 | 10 | 12 | |
| | 10 | | | 4 | 9 | | | 3 | | 6 | | | 8 | | |
| | | | | | | | | | | | | | | | |
| | 13 | | | 10 | | 2 | | 14 | | | | | | | |
| 14 | | | | | | | | | | | 15 | | 11 | | |
| | | | | 12 | 16 | | | | | | | | | | |
| 8 | 16 | | | 6 | | 15 | | 12 | | | 10 | | | | |
| | 12 | | 6 | | 1 | | | | | | 5 | | | | |
| | | | | | | | | 15 | | | 16 | | | 4 | |
| | | | | | | | 4 | 6 | | | | | 9 | | |
| | | | | | | | | | | 7 | | 3 | | | |
| 9 | | 13 | 16 | | 6 | | 15 | | | | | 12 | | | 10 |
| | 14 | 4 | | | | | 9 | | 10 | | 2 | | 1 | | |

## #7

| | | 11 | | | | | | | | | | 4 | | | 6 |
|---|---|---|---|---|---|---|---|---|---|---|---|---|---|---|---|
| | 9 | | 4 | | | | | | 5 | | 2 | | 10 | | |
| | | | | | | 7 | | | | | 4 | 11 | 9 | 2 | |
| | | | 12 | | 11 | | 8 | | 14 | | 9 | 1 | 5 | | |
| 10 | | | | | | 3 | | 11 | 15 | 7 | | | | | |
| | | | | | | 11 | | | 16 | 5 | | | | 4 | 3 |
| 3 | 8 | | | | 6 | | 9 | | | 4 | | 11 | 16 | | 7 |
| 11 | | | 9 | | | | 7 | 2 | | | 6 | | 15 | | |
| 5 | | | | 6 | | | | 11 | 8 | | 14 | | | | 4 |
| 15 | | 8 | | | | 11 | | | | 7 | | | | | |
| | | | | | | 14 | 4 | | 12 | | | | | | |
| | | | | | | 4 | | 2 | | | | | | | |
| | 5 | | | 11 | 1 | | | | | | | | | | |
| | | | | | | | | | 5 | 15 | | | | | |
| | | | | | 10 | | | 12 | | 9 | | | | | 2 |
| | | | | | | | | 13 | | | | | 1 | | |

# #8

| | | | | | | | | | | | | | | | |
|---|---|---|---|---|---|---|---|---|---|---|---|---|---|---|---|
| | 1 | 15 | | | 4 | | 11 | 8 | | 5 | | | 14 | | |
| | 13 | | | | 7 | 16 | | | | | | | | | |
| 9 | | 3 | | | | 15 | | 12 | 7 | | | 4 | 8 | | |
| | | | 12 | | | 10 | | | | | | | | | |
| | | 14 | | 11 | 13 | | | 2 | | | | 1 | | 8 | 9 |
| | | | | | 6 | 7 | | 16 | | | 9 | | 14 | | |
| | | | | | 2 | | | | | | | 3 | | | |
| 2 | | | | | | | 15 | | | 12 | | | | | |
| | | | | | 2 | | | | | | | | | | 8 |
| | | | | | 1 | | | | | | | 7 | | | |
| | | 1 | | 13 | 6 | | | 3 | 8 | | | | 11 | 12 | |
| 12 | | 9 | | | 8 | 5 | | | | 7 | 2 | | | | |
| | | | | | | | | | | | | 15 | | 7 | |
| 14 | | 11 | 4 | 7 | | | 9 | | | | | 13 | | | |
| 16 | | | 10 | | | | | | 9 | 3 | | | | 14 | |
| | | 2 | | | | | | 5 | | 1 | 4 | | 10 | 11 | 12 |

#9

| | | | | | | | | | | | | | | | |
|---|---|---|---|---|---|---|---|---|---|---|---|---|---|---|---|
| | 16 | 1 | | 8 | | 6 | | | | | | | | | 13 |
| | | | | 15 | | | | | | | | | 3 | | 16 |
| | | | 3 | 7 | | | | | | 12 | | 14 | | | |
| | | | 7 | 3 | | 5 | 16 | | 14 | | | | | | |
| | 8 | 2 | 10 | | 16 | 7 | | 4 | | | | | | 14 | |
| | | | | | | | 3 | 13 | | | 6 | | 12 | | |
| | | | | | 1 | 2 | | | 15 | | 16 | | | 7 |
| | | | | | | | | | 16 | 9 | 13 | | |
| 2 | 12 | | | | 9 | 4 | | 3 | | | | | 8 |
| 9 | | 5 | 13 | | 14 | | | 1 | | 7 | 11 | | | | |
| | | | | 6 | | | | | | | | 12 | 10 | | 11 |
| | 3 | | | | | | | | 5 | | | 15 | | 14 |
| 16 | | 12 | | 11 | | | 7 | | | | | | 1 | 13 | |
| | | | | 1 | 12 | | 9 | | | 2 | | | | 10 |
| | 1 | | | 3 | | 13 | | | | | 4 | 9 | | 2 |
| | | | | | 15 | | | | | | | 11 | | |

# #10

| | | | | | | | | | | | | | | | |
|---|---|---|---|---|---|---|---|---|---|---|---|---|---|---|---|
| | | | | 12 | | 8 | | | 7 | | | 6 | | | |
| 6 | | | | 10 | | | | | | 1 | | | | 3 | |
| | | | 4 | | | | | 11 | 15 | | | | 8 | | |
| | | | 15 | | | 13 | | | | | 3 | | 11 | 14 | |
| | | | | | 12 | | | | | | | | | | 5 |
| | | | | | | 1 | | | | | | | | 4 | |
| | | | | | | | | 3 | 6 | | 11 | 8 | | 10 | 12 |
| | | | | | | 16 | | | | | | | | | 7 |
| | 15 | | | 4 | 13 | | | 9 | | | | 1 | | | 8 |
| | 9 | 12 | | | | | | | | | | | 13 | | 4 |
| | | 13 | | | 1 | | | 4 | 3 | 8 | | 15 | | 16 | |
| | 4 | 8 | | | | | | 16 | | 14 | | 10 | | | |
| | 2 | | | 9 | | | | | | | | | 4 | | |
| | | | | 8 | | | | | | 10 | 5 | | | | |
| | 13 | 8 | | | | | | | 2 | | | | 12 | | |
| | 10 | | | | | | | 8 | | | 9 | 13 | | 1 | |

10

## #11

| | | | | | | | | | | | | | | | |
|---|---|---|---|---|---|---|---|---|---|---|---|---|---|---|---|
| | | 13 | | 9 | 7 | 6 | | | 15 | | | | 14 | | |
| | 14 | | 15 | | | | | | 7 | 5 | | 12 | | 6 | 8 |
| | | | 3 | 15 | | 12 | | | | 9 | | | 13 | | |
| | 1 | 6 | 7 | 11 | 3 | 8 | 2 | | | 10 | | | 5 | 16 | |
| | | | | | | | | | | | | | | | |
| | | | 13 | 7 | | | | | 5 | | | | 6 | | 3 |
| | | | 6 | | | | | | | | 9 | | | | |
| | | | 11 | | | | 16 | 7 | | 6 | | | | | |
| | | 10 | | 3 | | | | | 13 | | | | 2 | | |
| 7 | | | | 6 | | | | 10 | | 2 | 4 | | | | |
| 5 | | 2 | | | 9 | | | | 3 | | | | 1 | | 12 |
| | | | | 4 | | | | 1 | 9 | | 11 | | 8 | | |
| 13 | | 9 | 1 | 8 | | 7 | 6 | | 4 | | | | | | |
| | | | 2 | | 15 | | | | | | | | 4 | | |
| | 3 | | | | | | | 9 | 12 | 15 | 5 | | | | |
| | | | 16 | | | | | | 8 | | | | 3 | | |

# #12

| | | | | | | | | | | | | | | | |
|---|---|---|---|---|---|---|---|---|---|---|---|---|---|---|---|
| | | 12 | | | 7 | | | | | | | | 9 | | |
| | 2 | | | | | | 14 | | 4 | | | | 6 | | |
| | 8 | 13 | | 5 | | | | | | | | 4 | | 7 | |
| | | | 7 | | 13 | | 15 | | | | 12 | 2 | | 8 | 11 |
| 16 | | | | | | 3 | 9 | | | 6 | | | | | 13 |
| | | 6 | | | | | 2 | | | | | | | | |
| 14 | 12 | 1 | | 16 | | | | | | | | | | | 7 |
| | | | | | | 4 | 1 | 5 | | | | 3 | | 12 | |
| | | | | 8 | 4 | 2 | | | | 14 | 5 | | | | |
| | 1 | | | 3 | | | | 13 | | | 16 | | 14 | | 8 |
| 10 | | 14 | | | | | | | | | 2 | | | | 5 |
| 12 | 16 | | | 14 | 10 | 5 | | 9 | | 15 | | | | | 2 |
| | | 2 | | | 5 | | | | | | 6 | | 16 | | |
| | | 16 | | | | | | | | | | | 13 | | 12 |
| | | | | | | | 16 | | | | | 10 | | | |
| | 13 | 3 | | | | | 6 | | | | 10 | 11 | | | |

## #13

| | | | | | | | | | | | | | | | |
|---|---|---|---|---|---|---|---|---|---|---|---|---|---|---|---|
| 12 | 4 | | | 10 | | 9 | | 11 | 13 | | | | | 3 | |
| | | | 2 | | | | | | | | | | | | 9 |
| | | 7 | 10 | | | 6 | | | 9 | | | | | 15 | |
| | 15 | 5 | | | | | 3 | 4 | 10 | 14 | | | | | |
| | | | | | | 14 | | | | | 2 | | 10 | | |
| | | | 3 | 2 | | 15 | 9 | | 5 | | | | | | |
| | 14 | | 7 | 5 | | | | 1 | | | | 12 | | | 15 |
| | 6 | | | | | | 1 | | | 9 | | | | | |
| | | 9 | | | | | | | | | 5 | | 8 | 6 | 12 |
| | 10 | | 12 | | 8 | | | 14 | 11 | | | | 5 | 7 | |
| | 5 | | | | | | | 13 | | | | | 3 | | 14 |
| | | 3 | | | | | | | | | | | 4 | | |
| 9 | | | 5 | | | | | 3 | | | 1 | | 7 | 16 | |
| | | | | | | | | 15 | | | | | | | |
| 3 | | | 15 | 9 | 6 | | | | 7 | | | | | | |
| 7 | | 6 | | 16 | | 12 | | | | | 13 | | | 5 | 10 |

## #14

| | 10 | | 14 | 2 | 6 | | | | 12 | 13 | | 11 | | | |
|---|---|---|---|---|---|---|---|---|---|---|---|---|---|---|---|
| | | 8 | | 9 | | 15 | 13 | | | 3 | 10 | | | | |
| | 4 | | | | | | | | | | | | | | 10 |
| 15 | | | | | | | | 4 | 7 | | | | 5 | | 6 |
| | 1 | | | | | 3 | | | | | | 10 | | | |
| | | 4 | | | | | | | | | | 13 | | | |
| 6 | 11 | | | | | 4 | | 1 | | | 7 | | | 5 | |
| | 16 | | | | 1 | 13 | | | 5 | 4 | | | | 9 | |
| | | | | | | | 3 | 4 | | 11 | | | | 12 | |
| 10 | | | | | | | | 16 | 8 | | | | 4 | 13 | |
| | | | | 16 | | | | | | | | 14 | | | |
| | | 15 | | | | | | | | | | | | | |
| | | 1 | 15 | | | | | | 14 | 2 | | | 3 | 10 | 11 |
| | 8 | 6 | | | 12 | | 1 | 5 | | 7 | | 9 | | | 13 |
| | | 2 | 11 | 4 | | 6 | | | | | | 5 | | | |
| | | | | | | | | | | | | 6 | 7 | | |

## #15

| | | | | | | | | | | | | | | | |
|---|---|---|---|---|---|---|---|---|---|---|---|---|---|---|---|
| | | | | | | | | 2 | | | | | | 9 | |
| | | 14 | | | | | 4 | | | 7 | | | | 11 | |
| 12 | | 2 | 9 | | | | | | | | | | | 1 | |
| | | | 13 | | | | | 14 | | 4 | | | 8 | | |
| 11 | 5 | | 1 | | | 3 | 14 | | 2 | 8 | | | | | |
| 10 | | | | 9 | 2 | | | | | | 12 | | | 5 | 6 |
| | | | | 5 | | | 13 | | | | | | | | 11 |
| | | | | 7 | 12 | | | | | | | | 15 | 3 | 10 |
| 4 | | 11 | | | | 12 | | | 7 | | 10 | | | | |
| 6 | 7 | 10 | | | | | | | | | 5 | 3 | | | |
| | | | | 10 | | | | | | | | 11 | | 8 | |
| 5 | | | 15 | 2 | 4 | | | | | | | | 10 | 12 | |
| | | | | | | | | | 14 | 10 | | | 13 | | 1 |
| | | | | 12 | | 13 | | | 11 | | | | 4 | | |
| | 1 | | | | 16 | | | | 6 | | 3 | | | | |
| | | | | 4 | 1 | | 10 | | | | | 6 | | | 8 |

## #16

| | | | 1 | | | | | | | | | | | | 16 |
|---|---|---|---|---|---|---|---|---|---|---|---|---|---|---|---|
| | | | | 10 | 16 | | | | | | | | | | 12 |
| | 4 | | 15 | | 1 | | | | | | | | | | |
| | 2 | | | 5 | | | | | | | 7 | 8 | | | 9 |
| 5 | | | 8 | 11 | 15 | | | | | 16 | 10 | | | | |
| | | | 5 | 14 | | | | | | | | 9 | | | |
| 11 | | 14 | 13 | 2 | 4 | | | | | | 12 | | | | 7 |
| 10 | | | 4 | | 16 | | | 9 | | | | | | | 13 |
| | | 6 | | 4 | | | | | | 12 | | 1 | | | |
| 4 | | 12 | | | | | | 8 | 2 | | | | | | 6 |
| | 16 | | | 7 | | | 6 | | 13 | | | 12 | | | 11 |
| 1 | | | | 6 | 12 | | | | | | 16 | | | | |
| | | | 4 | | | | | 15 | 1 | | 6 | 7 | | | |
| 14 | | | 10 | | | | 2 | | | | | | | | 1 |
| | | 15 | | | | | | | 5 | | 11 | | | | |
| | 5 | 1 | | | | | 11 | | 7 | | | | | | |

### #17

| | | | | | | | | | | | | | | | |
|---|---|---|---|---|---|---|---|---|---|---|---|---|---|---|---|
|  | 4 |  | 12 | 7 |  | 2 |  | 13 |  |  | 8 |  |  | 9 |  |
| 9 |  |  | 11 |  |  |  |  |  |  |  |  | 14 |  |  |  |
|  |  |  |  |  |  |  |  |  | 6 |  |  |  | 7 |  | 10 |
| 10 |  |  | 8 |  |  |  |  |  | 1 |  |  |  |  |  | 2 |
| 4 |  |  | 7 | 13 |  | 16 |  |  |  |  |  |  |  |  | 6 |
|  | 12 |  |  |  | 8 |  |  | 2 |  |  |  | 10 |  |  | 13 |
| 13 |  |  |  | 7 |  | 11 |  | 14 |  | 15 |  | 9 | 3 |  |  |
|  |  |  | 6 | 4 |  |  |  |  |  |  |  | 1 |  |  | 12 |
| 7 |  |  |  |  |  |  | 10 | 8 |  |  |  |  |  | 15 | 5 |
|  |  |  |  |  |  |  | 2 |  | 7 |  |  |  | 8 |  |  |
|  |  |  |  |  | 5 | 7 |  | 15 | 10 |  | 6 | 13 |  |  |  |
|  |  |  |  |  |  |  |  | 1 |  |  |  |  | 10 | 6 | 11 |
| 5 | 7 |  |  | 15 |  | 9 |  | 16 |  |  |  |  |  | 11 |  |
| 8 | 6 |  |  | 14 |  |  |  |  | 12 |  |  |  |  |  |  |
|  |  |  | 14 |  |  |  | 3 |  |  | 1 | 5 |  |  |  |  |
| 3 |  | 4 |  | 6 |  |  | 13 |  |  |  |  |  |  |  | 9 |

## #18

| | | | | | | | | | | | | | | | |
|---|---|---|---|---|---|---|---|---|---|---|---|---|---|---|---|
| | | 14 | | | 15 | | | | | 6 | | | | | |
| | 16 | | | | 9 | | | 10 | | 4 | 8 | 7 | | 2 | |
| | 15 | | | 14 | 13 | | 2 | | | | | | | | |
| | 13 | | 10 | 16 | | | | | | | | | | | |
| | 11 | | | | | | | 14 | | 7 | | 13 | | | |
| 10 | | | | | 16 | | | | 12 | | | | | | |
| | | 5 | 1 | | 11 | 12 | | 16 | | 2 | 3 | 10 | | | |
| | | | | | 2 | | | | | 3 | | | | | |
| 1 | | | 14 | | | | | | 6 | 16 | | | | | |
| | | 6 | | 7 | | 9 | | | 5 | | | | 14 | | |
| | | 2 | 15 | 8 | 10 | | | | | | | | | 5 | |
| | 9 | 3 | | | | 12 | | | | | | | | | |
| | | | | | | 7 | | 16 | 10 | 9 | | 3 | | | |
| 13 | 4 | | | 12 | | | 8 | | | | | | | | |
| | | | 2 | | 14 | 15 | | | | | | 4 | | | 13 |
| | | | | | | | | 13 | | | | 5 | 12 | | |

# #19

| | | 16 | 10 | | | 8 | 3 | | | | 9 | 11 | | | |
|---|---|---|---|---|---|---|---|---|---|---|---|---|---|---|---|
| | 4 | 12 | | | | | | | | | | | 16 | | |
| | | | | | | | | 8 | | | | 3 | 2 | | |
| 6 | | | | | | | | 5 | | 11 | | | | | |
| 13 | 6 | | 7 | | | | | 16 | | | 8 | | 9 | 4 | |
| 10 | 1 | | | | 8 | 9 | | | | | | | | | 5 |
| 4 | | | | 7 | | | | 15 | 1 | | | | | | 6 |
| 16 | 5 | 8 | 15 | 2 | 14 | | 1 | | | 9 | 6 | 13 | | | |
| | | 5 | | | | | | | | | | 13 | 6 | | |
| 1 | | | | 8 | 10 | 7 | | | | 12 | | | | | |
| 3 | | | | | | | | | | | | | | | |
| 12 | | | | | | | 14 | 11 | 10 | | | 5 | | 7 | 3 |
| | | | | 13 | | | | | | | | | | 3 | |
| | | | | | 3 | | | | | | 2 | | 14 | | |
| 9 | 2 | | | 1 | | 6 | 12 | | 4 | | | | 5 | | |
| 8 | 11 | | 3 | | | | | | | | | | | | 1 |

## #20

| | | | | | | | | | | | | | | | |
|---|---|---|---|---|---|---|---|---|---|---|---|---|---|---|---|
| | | | | | | | 3 | 1 | | | | | 14 | 6 | |
| | | 12 | | | | 14 | | | | 11 | | | 2 | | 5 |
| | 8 | | | | | | | 2 | 10 | | | | | | |
| 13 | | | | | 9 | | | 4 | 16 | | | | | | 3 |
| | 3 | 16 | | | | | | 12 | | | | | 14 | | |
| | | | | 5 | 13 | | 9 | 15 | | | | 2 | | | |
| | | | | 4 | | | | 1 | | | | | | | |
| | | | | | | | | | | | | | | | |
| | | 16 | | | | | | 11 | 8 | | | 14 | 3 | | 15 |
| | | 15 | | | | | | | | | 12 | | | | 11 |
| | | | | | | 7 | | | | | | | | | 16 |
| 1 | 14 | | | | 11 | | 16 | 4 | | 3 | | | 2 | | |
| | 10 | | | 15 | 6 | | | | | 8 | | | | | 14 |
| | | 15 | | | 1 | | 13 | | 7 | | 9 | | | 3 | |
| | 9 | | | | | | | 3 | | | | 1 | | 4 | 2 |
| 7 | 13 | | | | | | | | | 12 | | | 15 | | |

## #21

| | | | | | | | | | | | | | | | |
|---|---|---|---|---|---|---|---|---|---|---|---|---|---|---|---|
| | | | | | | | | 6 | 12 | | | | 9 | 11 | |
| | 16 | 12 | | 9 | | | | 1 | | | 7 | 4 | | | 14 |
| | 13 | | | | | 7 | 12 | | 2 | | | 15 | | | 5 |
| | 5 | | | | | | | | 13 | 9 | | 6 | | 10 | 12 |
| 14 | | 6 | | | 2 | | | | | | | | | 12 | 1 |
| | | | | | | 1 | | | 3 | | | | | | 9 |
| 8 | | | | | 7 | | | | | | | | | | |
| | 3 | 15 | | 12 | | | | | | 2 | | | 10 | | |
| | | | | | 5 | | 10 | | | | 15 | | | | 13 |
| | | 2 | 13 | | 8 | | 6 | | | 12 | | | | | |
| | | | 3 | | | | | | | 13 | | 2 | | 6 | |
| | 14 | | | | | | 2 | 8 | 1 | | | | | | |
| 6 | | | | | | | | 5 | | 7 | 1 | | | | 15 |
| | | | | 15 | | | | | | | | | 6 | | |
| | | 7 | 14 | | 1 | 6 | | | | 11 | | | | | |
| | 15 | | | | | | | | | | | | | | |

#22

| 16 |    |    | 10 |    |    | 14 |    | 7  |    |    |    |    |    |    |    |
|----|----|----|----|----|----|----|----|----|----|----|----|----|----|----|----|
|    | 3  | 12 |    |    | 1  |    |    |    |    |    | 6  | 16 | 10 |    | 11 |
|    |    | 6  | 9  |    |    | 8  | 16 |    |    |    |    | 7  | 15 |    |    |
| 15 |    |    |    | 2  |    |    |    |    |    |    |    |    |    |    | 13 |
| 10 |    | 8  | 4  | 3  |    |    |    |    |    | 16 |    | 2  | 9  |    |    |
|    | 16 |    | 15 |    |    | 9  |    |    |    |    |    | 11 |    |    |    |
| 3  | 6  |    |    |    |    |    |    | 5  |    |    |    |    |    |    | 16 |
|    | 12 |    |    | 11 | 8  | 16 |    |    |    |    | 10 |    | 5  |    |    |
|    |    |    |    |    |    |    |    |    |    |    | 4  | 5  |    | 10 | 15 |
| 12 | 15 |    |    |    |    |    |    |    | 8  |    | 5  | 6  |    |    |    |
| 8  | 7  | 2  |    |    | 13 | 4  |    | 15 |    |    |    |    |    |    | 12 |
|    | 14 |    |    |    |    |    | 15 |    |    |    | 2  | 8  |    | 3  |    |
| 14 |    |    |    |    |    |    |    |    |    |    |    |    |    |    | 10 |
|    |    | 15 |    | 4  |    |    |    |    |    |    |    | 9  |    |    |    |
|    | 4  | 3  |    | 15 |    | 5  | 8  |    |    |    |    |    | 11 |    |    |
| 2  |    |    |    |    | 10 |    |    |    | 15 |    |    |    |    |    |    |

## #23

| | | | | | | | | | | | | | | | |
|---|---|---|---|---|---|---|---|---|---|---|---|---|---|---|---|
| | | 8 | 10 | | 1 | | | | | | | | 16 | 15 | |
| | | | | 9 | | | 3 | 1 | | | | | | | 8 |
| | | 15 | | | | | | 2 | | | | | | 13 | 1 |
| | 3 | | 12 | | | 7 | | | | | 9 | | | | 10 |
| | | | | | 3 | | | 8 | | 14 | 13 | | | | |
| | | 3 | 14 | | 6 | 13 | | 2 | 9 | | | | | | |
| | 10 | | | | 14 | | | | | 7 | | | | | |
| 7 | 11 | 12 | 8 | | | | | | | | | | | | |
| | | | 2 | | 12 | | | | | | | | 10 | | |
| | 12 | 10 | | 9 | | | 7 | | 8 | | | | 15 | 4 | 11 |
| | 14 | | | | 2 | | | 11 | | 12 | 8 | | | | |
| | | | 4 | | 11 | 8 | 14 | | | | 3 | | | | 6 |
| | | 6 | | | 16 | | | | | | | | 2 | | |
| | 16 | | 1 | | | 12 | | 5 | | 2 | 11 | | | | |
| | | | | | | | | 1 | 14 | 6 | 10 | | | | 5 |
| | | 14 | | | | 13 | 4 | | | | | | 1 | | |

# #24

| | | | | | | | | | | | | | | | |
|---|---|---|---|---|---|---|---|---|---|---|---|---|---|---|---|
| | | | | | 7 | | | | | | | | | 10 | |
| | 1 | | | | | 9 | 3 | 6 | | | | 14 | 2 | | |
| 3 | | | | | | | 11 | 7 | | | | | 5 | | 1 |
| | | | 7 | | 5 | 1 | 15 | | 10 | | | | | | |
| 9 | | 8 | | | | | | | | | | | 7 | | |
| 11 | 2 | 4 | | 3 | | | | | | | | | | | 13 |
| | | 3 | 16 | | | | | | | | 12 | 8 | | | |
| 7 | | | | 5 | | | 6 | | 8 | | 11 | | 10 | | |
| | | 13 | | | | | 5 | 12 | | | | | 11 | | 8 |
| | | | | | 1 | | | 11 | | 3 | | | 14 | | |
| 16 | | | | | | 7 | | | 1 | | 13 | | | | |
| | 8 | | | | 2 | | | | | | | | | | |
| 12 | | | 13 | | 15 | | 10 | | 5 | | | | | | |
| | | | 8 | 12 | | 5 | 1 | | | | | | 6 | 7 | 14 |
| 14 | | 7 | | | | | | | 12 | 6 | 1 | | | 4 | 10 |
| | | | | 4 | | 3 | | | | | | | | | |

## #25

| | | | | | | | | | | | | | | | |
|---|---|---|---|---|---|---|---|---|---|---|---|---|---|---|---|
| | | | 1 | | 11 | | | | 3 | | 2 | | 8 | 9 | |
| | | | | | | | | 1 | | 14 | | | | 2 | |
| 7 | 6 | 9 | 2 | 13 | | | | | | | | | | | 11 |
| | | | 11 | 2 | | | | | | 9 | | | 14 | | |
| | | | | | | | 16 | | 1 | | 3 | | | | |
| | | 5 | 13 | 3 | | | | | 4 | | 10 | | | 1 | |
| 2 | | | | 14 | | | | 5 | 9 | | | | | | |
| | | 1 | | | | | | | | 13 | | | 2 | | |
| | 5 | | 15 | | | | | | | 4 | | | | | |
| | | | | | | 5 | | | | | 1 | | | | |
| | 16 | | | | 10 | | | | 8 | | | | | | |
| 11 | 10 | | | 7 | | | | | | 3 | | | | 4 | 1 |
| | | 11 | | | | | | | | 7 | | | | | |
| | | | 7 | 11 | 4 | | | | | | | 12 | | | |
| | | | | | 2 | | 7 | | 10 | | | 8 | | | |
| | 1 | 3 | 14 | 8 | 5 | | | 9 | 16 | | | 11 | | 7 | 2 |

# #26

| 3 |  | 15 |  | 10 | 11 |  |  |  |  |  |  | 13 |  | 16 |  |
|---|---|---|---|---|---|---|---|---|---|---|---|---|---|---|---|
|  |  |  | 7 |  |  |  |  | 6 |  |  | 11 | 14 |  |  |  |
|  | 14 |  |  |  | 2 |  | 1 | 10 |  |  |  | 3 |  |  | 8 |
|  | 6 |  |  |  |  |  | 7 |  | 4 |  |  | 2 |  | 15 |  |
|  |  | 10 |  |  |  | 16 | 4 | 15 | 2 |  |  |  | 7 |  |  |
|  |  |  |  |  |  |  |  | 9 |  |  |  |  |  |  |  |
|  | 3 | 2 | 1 | 13 |  |  | 12 |  | 6 |  |  |  |  |  |  |
|  | 16 | 4 |  |  |  | 14 |  |  |  |  |  |  |  | 3 |  |
| 8 | 1 | 16 | 3 |  |  |  | 13 |  |  | 10 |  | 7 |  |  |  |
|  |  |  |  |  |  |  | 15 |  |  |  |  |  |  |  | 9 |
|  |  |  |  | 8 |  |  | 10 |  |  | 14 |  |  |  | 2 | 16 |
|  |  |  |  | 5 |  | 1 |  | 15 |  | 3 | 7 | 10 |  |  |  |
|  | 8 |  |  |  |  |  |  |  |  |  |  |  |  |  | 5 |
|  |  |  |  |  |  |  |  |  | 11 |  |  |  |  |  |  |
|  |  |  |  | 16 |  |  | 5 | 4 |  |  |  |  |  |  |  |
|  |  |  |  |  | 14 |  |  | 3 | 1 |  |  | 16 |  | 7 |  |

## #27

| | | | | | | | | | | | | | | | |
|---|---|---|---|---|---|---|---|---|---|---|---|---|---|---|---|
| 6 | 12 |  |  |  |  |  |  |  |  |  | 7 | 4 |  |  |  |
|  |  | 4 |  |  | 3 | 5 |  |  |  |  |  |  |  |  |  |
|  |  | 14 |  | 1 |  |  |  |  |  |  |  |  | 2 |  |  |
| 1 |  | 10 |  |  | 4 | 9 |  |  |  |  |  |  |  |  |  |
|  |  |  |  | 15 |  |  |  |  |  |  |  | 8 |  | 2 | 7 |
|  |  |  |  | 5 |  | 11 |  | 13 |  | 14 | 9 |  | 16 |  | 12 |
| 3 | 13 |  |  |  |  |  |  |  |  |  |  | 14 | 15 |  |  |
|  |  |  |  |  | 4 |  | 10 |  |  |  | 15 | 11 |  | 1 | 13 |
|  |  |  |  | 4 |  | 5 | 8 |  |  |  |  |  |  |  | 14 |
|  |  | 13 |  |  |  |  |  |  |  |  |  | 2 |  |  |  |
|  |  | 14 |  | 6 |  |  | 2 |  |  |  |  |  |  | 9 | 8 |
|  | 1 | 16 |  | 3 | 13 | 10 |  |  | 14 |  |  |  | 7 |  | 4 |
|  | 14 |  |  |  | 9 |  | 3 |  |  |  | 8 | 1 |  |  |  |
| 8 |  |  |  |  |  |  |  |  | 7 |  |  |  |  |  | 11 |
|  |  | 7 |  |  | 12 |  |  | 1 |  |  |  |  |  |  | 2 |
|  | 4 |  | 1 |  |  | 14 |  |  |  |  |  |  |  |  | 9 |

# #28

| | | | | | | | | | | | | | | | |
|---|---|---|---|---|---|---|---|---|---|---|---|---|---|---|---|
| 11 | 10 | | | | | 12 | | | 16 | | | | 1 | | |
| | 15 | | 8 | | | | | | 11 | 2 | | | | 10 | |
| | | | | 11 | 10 | | | | 9 | | | 14 | | | 15 |
| | | | | 9 | | 1 | | 13 | | | | 3 | | | |
| | | | | | | | | 5 | 10 | | | | | | |
| | 14 | | 10 | 4 | | | | 3 | 1 | | | | | | 8 |
| | | | 3 | | | | | 12 | | | | | 10 | | |
| | | | 10 | | 2 | 13 | | | | | | 1 | | | |
| 6 | | | 16 | | | | 9 | | 12 | 1 | | | | | |
| | 7 | | | 16 | | 4 | 11 | | 13 | | | | | | |
| 4 | | | 14 | 1 | | | | | | | | | 9 | | |
| | | | 1 | | | | | | | | | | | | |
| | | | | | | | | | | | | | | | 10 |
| | | 1 | 12 | | 4 | 11 | 7 | | | | | 6 | | | |
| | | | | | | | 3 | | 4 | 6 | | | 13 | | 12 |
| | 5 | | | 13 | 14 | | 10 | 9 | 11 | | 12 | | | | |

## #29

| | | | | | | | | | | | | | | | |
|---|---|---|---|---|---|---|---|---|---|---|---|---|---|---|---|
| | | | | | 16 | 13 | | 3 | 14 | 15 | | | 12 | | |
| | | 16 | 7 | 12 | | 3 | | | | 13 | | 9 | | | 5 |
| 10 | | | | 11 | | | | | | | | | 2 | | 13 |
| | | | | 15 | | 1 | | | | 16 | | | | | |
| 3 | | | 14 | | | 11 | 2 | 8 | | | | 16 | | | 7 |
| | 8 | | | 10 | | | 1 | 2 | | | | 4 | 11 | | 6 |
| | 4 | | | 6 | | | | | | | | | | | |
| | | | | 13 | | | 7 | | | | 16 | | | | 14 |
| 5 | | | | | | | 13 | | | 14 | | 8 | | | 10 |
| | | | | 16 | | 2 | 5 | 1 | | 9 | | | | 11 | |
| | | | | | | | | | | | | | | | |
| | 16 | | | 7 | | | | | | | | | | 1 | |
| | | 11 | 1 | | | 7 | 12 | | | | 14 | 10 | | | 8 |
| | | | | | 5 | 6 | | | | 8 | | 7 | 2 | | |
| 1 | 14 | | 15 | | | | | | | | 11 | | 3 | | |
| | | | | | | | | | | 2 | 11 | | 14 | | |

# #30

| | | | | | | | | | | | | | | | |
|---|---|---|---|---|---|---|---|---|---|---|---|---|---|---|---|
| | | | | 2 | | | | | | | | | 8 | | |
| | | | 11 | | | | | | | | | 10 | 6 | | |
| | | 14 | 1 | | 3 | 15 | 8 | | | | | | | | |
| | | | 7 | | 6 | 14 | | 13 | | | | | | | |
| | 7 | 14 | | | | | 1 | | | | | | | | 11 |
| | 15 | | | 5 | | 13 | | 7 | | | | | 6 | | |
| 4 | 10 | | | 1 | | | | | 11 | 9 | | 12 | 5 | | |
| | 1 | | 16 | 9 | | 7 | | | | 4 | | | | | |
| 15 | | 4 | | | 10 | | | | | | | | | | |
| | | 13 | 15 | 4 | | 11 | | | | | | 9 | | | |
| | 10 | | | 6 | | 15 | 5 | | 8 | | | | | | |
| | | 13 | | | 2 | | | | | | 10 | | | | |
| | 13 | | | | | 10 | | | 15 | 11 | 7 | 16 | | | |
| | | | | | | 7 | | | | 10 | | 14 | | | |
| 2 | | | | | | 11 | | | | | | | | | |
| | | | | 10 | | | 8 | | 6 | 5 | | | | | |

## #31

| | | | | | | | | | | | | | | | |
|---|---|---|---|---|---|---|---|---|---|---|---|---|---|---|---|
| 3 | | | | 1 | | | 11 | | | | | | | | |
| | | | 7 | 9 | | | | 4 | | | | | | | |
| 12 | 14 | | | | | 10 | | | | 2 | | | | | |
| | | 5 | | 16 | 7 | 14 | | | | | | | | | |
| 7 | | 11 | | 14 | 1 | | | 4 | | | | | | | |
| | | | | 4 | 16 | | | | | | | | | | |
| 16 | | | | | 5 | | | | | 6 | | | | | |
| | 4 | | | | | 3 | 16 | | 5 | | 14 | | | | 13 |
| 8 | | 10 | 11 | 14 | 3 | | 4 | | | | 15 | 9 | | 6 | |
| 14 | | | | 10 | | | | | | | 3 | 16 | | | |
| 4 | 2 | 9 | 3 | 12 | 16 | | | | | 1 | | | | 11 | |
| | | 16 | | | | | | | 7 | | | | | 4 | |
| 5 | 8 | | | 13 | | | | | | | | 3 | | | 14 |
| 13 | | 12 | | | | 3 | | | | | | | 4 | | 15 |
| 6 | | | 9 | | | | | 5 | 2 | 4 | | | | | |
| | | | 15 | | | | 14 | | | | 13 | | | 12 | |

# #32

| | | 14 | | | | | 13 | 15 | | | | 2 | | | |
|---|---|---|---|---|---|---|---|---|---|---|---|---|---|---|---|
| | 13 | | | | | | | | 1 | | | | | 5 | |
| | | | | 9 | | | | | 3 | | | 11 | 13 | | |
| | 10 | 2 | | | | | | 4 | | | | 7 | 8 | | |
| | 5 | | | | 14 | | 15 | | | | | | | 9 | |
| | | 3 | | | | 9 | | 2 | | 8 | | 13 | | | 4 |
| | 2 | | 15 | | | | | 13 | 7 | 4 | | | | | 6 |
| | | | | | | | | 9 | 15 | | | | 3 | | |
| 4 | | | | | 16 | | | | | | | | | | |
| | | | | | | 3 | | | | | | | | | |
| | | | | | 5 | | | 12 | | 13 | 8 | 14 | 1 | | |
| 10 | 6 | | 13 | | 12 | 8 | | 11 | | | 1 | | | | |
| | | | | 1 | | 10 | | | 2 | | | | | 7 | |
| 11 | | 12 | | 5 | | 6 | | 10 | | | | | | 4 | 2 |
| 5 | | | | | 3 | 2 | | 16 | | | | | | | |
| | 7 | | 2 | | 4 | 13 | 11 | | 14 | | 9 | | | | |

#33

| | | | | | | | | | | | | | | | |
|---|---|---|---|---|---|---|---|---|---|---|---|---|---|---|---|
| 11 | | | | 4 | | | | | | | 16 | | | | |
| 5 | | | | 2 | 7 | 16 | | | 14 | 12 | | | | | |
| | | | 9 | | 11 | 10 | | | | 8 | 2 | | | | 15 |
| | 7 | 8 | | | | | 13 | 6 | 10 | | 5 | | 12 | | |
| 14 | | | | | 5 | 11 | | 2 | 9 | | | 6 | | 1 | |
| 1 | | | | | 6 | | | | 11 | | | | | 16 | |
| | 11 | | | | | | | | | | | | | | |
| | 3 | | | | | | | 16 | 8 | 13 | | 5 | | | |
| 3 | | 1 | | 10 | | | | | 2 | | 4 | 15 | 16 | | 8 |
| 7 | | | | | 15 | | | | 6 | | | | 10 | | |
| | | | | 9 | 4 | | | | | | 14 | 7 | | | |
| | | | | | | 3 | 7 | 5 | 1 | | | | | 14 | |
| | | | | 3 | | | | | 7 | | | | | | |
| | | | 1 | | 10 | | 11 | | | | | | | | |
| | | | | 7 | | | | | | | | | 14 | | |
| 10 | 8 | | | | | | 15 | 1 | | | | 11 | 13 | 3 | 16 |

## #34

| | | | | | | | | | | | | | | | |
|---|---|---|---|---|---|---|---|---|---|---|---|---|---|---|---|
| 3 | 6 |  |  |  |  |  | 5 | 12 |  |  | 13 |  |  | 14 |  |
|  |  |  |  |  | 6 |  |  |  |  |  |  | 15 |  |  |  |
|  |  |  |  | 8 |  |  | 14 |  |  |  | 3 | 4 |  |  |  |
|  |  | 7 | 16 |  |  | 2 |  |  | 15 | 9 |  |  |  | 5 | 3 |
| 16 |  | 5 |  |  |  |  |  |  |  |  |  |  | 1 | 4 | 14 |
| 10 |  |  | 7 |  |  |  |  |  |  |  |  |  |  |  |  |
|  |  |  |  |  | 8 |  | 4 | 11 |  | 5 | 6 | 3 |  | 15 |  |
|  | 9 |  |  |  |  |  | 10 |  | 3 | 2 |  |  |  | 7 |  |
|  |  |  | 1 |  |  |  |  | 9 |  |  |  |  |  |  |  |
|  |  |  |  |  |  |  |  | 12 |  |  |  |  |  |  |  |
|  |  |  |  | 7 |  | 11 |  | 16 | 5 |  | 1 | 6 |  |  | 8 |
| 14 | 2 |  |  |  |  | 4 |  | 8 |  | 7 |  |  |  |  |  |
|  | 7 |  |  |  | 13 |  |  |  |  |  |  | 12 | 8 | 1 | 5 |
|  |  |  |  |  | 7 |  |  | 1 |  |  | 8 |  |  |  | 11 |
|  |  |  |  |  | 8 |  |  |  |  | 15 | 12 |  |  |  |  |
|  |  |  |  |  |  | 16 | 13 |  |  |  | 5 | 14 |  | 3 |  |

## #35

| | | | | | | | | | | | | | | | |
|---|---|---|---|---|---|---|---|---|---|---|---|---|---|---|---|
| | | | | 15 | | | | | | | | | 12 | | |
| | 6 | 9 | | | | 8 | 12 | | | | | | | | |
| | | | | 6 | 14 | | 9 | 16 | | | | | | | |
| 3 | | | | 16 | | 12 | | 15 | 4 | | 14 | | | | |
| | 3 | 7 | | 2 | 5 | 6 | | | | | | 8 | | 4 | |
| | | | | 3 | 8 | | | | | | | | | | 2 |
| 4 | | | | 13 | | | | 8 | 12 | | | | | | |
| | 1 | | | | | 11 | | 3 | | | | | | | 13 |
| | 8 | | | 6 | | | 15 | | | 2 | | | | | |
| | | | | 11 | | 15 | | | | | | | 16 | 12 |
| 14 | 11 | 12 | 7 | | | | | | | | | | | | |
| | 16 | | | | | 9 | | 4 | | 7 | | | | 1 |
| 5 | | | | | | | 6 | | 10 | 2 | | | | |
| | | | 4 | | | | | | | 9 | | | | 7 |
| | | 3 | | | 12 | | | | | | | | 8 | 6 |
| | 9 | | | | 15 | | | | 12 | 16 | | | | |

**#36**

| | | | | | | | | | | | | | | | |
|---|---|---|---|---|---|---|---|---|---|---|---|---|---|---|---|
| | | | 10 | | | | | | | 2 | 3 | | 14 | | |
| | | | 2 | | | | | | 14 | | 6 | | | 16 | |
| 15 | | | | | | | | | | | | | | 7 | 4 |
| 7 | 6 | | 12 | 1 | 8 | 10 | | 11 | | | | | 13 | | 9 |
| | | | | | | 8 | | | | | | 1 | | | |
| 9 | 5 | | | 11 | 7 | 16 | | | | 10 | | | | 4 | |
| | 15 | 7 | | | | | 2 | | | | 9 | | | | |
| | | 4 | | | | | | | | 11 | | | | 5 | |
| 10 | | 12 | | | | | | | | 14 | 5 | | | | 13 |
| | 8 | 9 | 11 | 12 | | | | | | | | | 16 | 1 | 15 |
| | | 14 | 4 | | | 5 | | | 10 | | | | | | |
| 3 | | | | | | | | | | 12 | | 5 | 11 | | 10 |
| | | | | | | | | | | 3 | | 7 | | | |
| 6 | 7 | | | | | 1 | 13 | 2 | | | | | | | |
| | | 3 | 15 | | | | | 1 | 9 | | | | | 13 | |
| 4 | | 8 | 16 | | 6 | | | | | | | 10 | 1 | | |

## #37

| | | | | | | | | | | | | | | | |
|---|---|---|---|---|---|---|---|---|---|---|---|---|---|---|---|
| | | | 13 | | | 5 | | 2 | 8 | | | | | | 4 |
| | | | 8 | 1 | | | 9 | 16 | | | | | | | |
| | | | 9 | | | | | | 3 | | | 14 | | 6 | |
| | | | 5 | | | | | 14 | | | | 8 | 10 | | |
| | 11 | | | 12 | 7 | 14 | | | | | | 15 | | | |
| | | | 4 | | | | | 6 | 11 | | | | | | |
| | 5 | | 6 | | | | | | 10 | | | 16 | | | 7 |
| | | 13 | 2 | | 9 | | | 5 | | | | 12 | 4 | | 1 |
| | | | | | | | | 13 | 8 | | | 7 | | | 14 |
| | | 10 | 7 | | 4 | 13 | | | 5 | | | | | | |
| | | | | | | | | 3 | | | | | | | |
| | | | 11 | | | | | 6 | | | | 10 | 15 | 4 | 13 |
| 13 | | | | | | | | | | | | | | | |
| | | | | | 14 | | | | | | | | | | |
| | | 15 | | | | 13 | 2 | | 4 | | | | 8 | | |
| | 4 | 16 | | 7 | | 11 | 10 | 9 | 1 | | | 5 | | | |

## #38

| | | | | | | | | | | | | | | | |
|---|---|---|---|---|---|---|---|---|---|---|---|---|---|---|---|
| | | | | | | | | | 8 | | | | 2 | | |
| 1 | | 8 | | | | 3 | 10 | | | | | | | | |
| 14 | 5 | | 15 | | 2 | 8 | 4 | 10 | | 11 | | 6 | | | |
| | | | | | | 5 | 16 | | | 7 | | | | | 4 |
| 10 | | | 4 | | | | | | | | | | | | |
| | 11 | | | | | | | | | | | | 16 | | |
| 9 | | | 10 | | | | | 4 | | | | | 3 | | |
| | | | | | | | | | | 1 | 16 | | | | |
| 4 | | | 5 | | | | | | | 11 | | 12 | 16 | | |
| 11 | | 10 | | 8 | | | | 16 | | | | | 14 | | |
| | 16 | | | 7 | | | | 9 | 15 | 10 | | | | | |
| | | 13 | 16 | | 9 | | | 3 | | | | 4 | 7 | | |
| | 13 | 3 | | 16 | 7 | | 1 | | 15 | | 2 | 9 | | | |
| | | | | | | | 2 | 8 | | | | | | | |
| | | 14 | | | | | 16 | | 5 | 12 | | | | | 11 |
| | 12 | 1 | | | 10 | 3 | 7 | 14 | | | | | | | |

# #39

| | | | | | | | | | | | | | | | |
|---|---|---|---|---|---|---|---|---|---|---|---|---|---|---|---|
| | | | | | | 14 | | | | | | 11 | | | 13 |
| 13 | 9 | 3 | 14 | 10 | | | 1 | | | | | 7 | | | 8 |
| | | | | 3 | | | 7 | 1 | | | | 5 | | | |
| | | | | | | | 12 | | 10 | | | | | 15 | 2 |
| | | | | | | 15 | | 7 | | | | | 4 | | |
| 8 | | 15 | | | | | | 3 | 16 | 6 | | | | | |
| | | | | | | | | | | 4 | | 6 | | | 1 |
| 7 | 1 | 4 | | | 3 | | | | | | | 13 | | | |
| | | | 9 | | | 4 | 11 | | 12 | | | | | | 15 |
| 16 | | | | | | 9 | | | | | | | | | 4 |
| | 8 | | | | | | | | 4 | | | | | | 9 |
| | | 6 | | | | | | | | | | 2 | | 3 | |
| 6 | 15 | | 8 | | | | | | 2 | | | | | | |
| 3 | | 9 | | 12 | 5 | 13 | 4 | | 7 | | | 15 | | | |
| | | 13 | | | | | | 12 | | 15 | | | | | |
| | 11 | | | | | | 15 | 13 | 9 | 5 | | 8 | | | |

# #40

| | | | | | | | | | | | | | | | |
|---|---|---|---|---|---|---|---|---|---|---|---|---|---|---|---|
| | | 5 | 15 | 12 | | 4 | 9 | | | | | | | | 3 |
| | 13 | | 10 | | 5 | | | | 2 | | | | | | |
| | 7 | | 6 | 3 | | 5 | 14 | 11 | | 10 | | | | | |
| | | 15 | 16 | | 2 | | | | 3 | 5 | 4 | | | | 9 |
| | 9 | 15 | | | | | 7 | 16 | 1 | | | | | | |
| | 7 | | | | 13 | | | | | | | | | | 10 |
| 12 | 2 | | | | | 8 | | | 9 | 13 | | 14 | | | |
| | 6 | | 15 | | | 3 | | | 12 | | 5 | | | | |
| | 4 | | | 7 | 1 | 12 | | | 5 | | | | | | |
| | | 1 | 6 | 4 | | 16 | | | | | 10 | | | | |
| | 12 | | | | | | | | | 3 | 7 | | | | |
| | | | 2 | | | | | 3 | 6 | | | | | | |
| | | | | | | 10 | | 14 | | 4 | | | | | |
| | | | | | | | | | 8 | | 1 | | | | |
| 7 | | 1 | | 10 | | | | | | | | | | 15 | |
| | | | 9 | 1 | 4 | | 3 | | | | | | | | |

# #41

| | | | | | | | | | | | | | | | |
|---|---|---|---|---|---|---|---|---|---|---|---|---|---|---|---|
| | | | | | | | | | | | | | 7 | | |
| | | 14 | 8 | | 16 | 1 | | | | | | | | | 5 |
| | 11 | | | | | | 13 | | | | | 3 | | 16 | |
| | | | | | 6 | | | | | | 4 | 2 | | | |
| | | | | | | 3 | 4 | 16 | | | 14 | | 1 | | 2 |
| | | | 1 | | | | | | 6 | 13 | 7 | | | 9 | |
| | | 2 | | 14 | | | | | | | | 15 | | 4 | |
| | | | 3 | | | 6 | | 4 | 15 | | | | | 11 | 13 |
| | | 16 | 14 | | | | | | | | 11 | 5 | | | |
| 11 | | | | | | | 7 | | | | | 1 | | | 6 |
| | | | | 13 | | | 11 | | | | | | | | 14 |
| | | | | | | | | 2 | 5 | | 10 | 11 | | | 7 |
| 14 | | 4 | | | | | | | 10 | 8 | | 13 | | | 3 |
| 1 | | | | | | 8 | | | 7 | 12 | | 10 | 11 | | |
| | | | 7 | | | | | | | | | | | | 12 |
| | 10 | | | | | 7 | | | | 2 | 9 | 16 | | 8 | 1 |

# #42

| | | | | | | | | | | | | | | | |
|---|---|---|---|---|---|---|---|---|---|---|---|---|---|---|---|
| | 13 | | | 15 | | | | 10 | | | | | | | |
| | | | | | 16 | 7 | | | | | | | | 15 | |
| | | 15 | | | 9 | | | 6 | | | | | | 14 | 16 |
| | | | 13 | | | | | 14 | | 15 | 2 | 6 | | | 10 |
| 4 | | 2 | | 11 | 9 | | 14 | | | 7 | | 12 | 8 | | |
| 11 | | 8 | | 4 | | | | | | | 3 | 10 | | | 14 |
| | | | | | | 1 | | | | 11 | 8 | | 16 | | 9 |
| | | | | | 8 | | | | | | 16 | | | | |
| | | | | | | 5 | 12 | | | 10 | | | 2 | | |
| 8 | 10 | | 14 | | 13 | | | 16 | | 6 | | 15 | 9 | | |
| 6 | 15 | | | | | | | | | | | | | | |
| | | | | | | | | 5 | | | | | | | 12 |
| | | | 16 | 13 | 4 | | | 6 | | | | | | | |
| 15 | 2 | 16 | | | 7 | | 8 | 13 | 4 | | | | | | 5 |
| | | 11 | | 14 | 3 | | | 9 | | | | | 15 | 1 | 13 |
| 13 | | | | | | | | | | | | | 7 | 9 | |

# #43

| | | | | | | | | | | | | | | | |
|---|---|---|---|---|---|---|---|---|---|---|---|---|---|---|---|
| | | | | | | | | | 13 | 9 | | | 2 | | |
| | | | | | 3 | | | | 5 | 10 | 6 | | 16 | | |
| | | | | | | | | | | 8 | 14 | | | | |
| | | | | | | 5 | | | 2 | 1 | 4 | | | 13 | |
| | 11 | | | | | 16 | | | | 4 | | | 8 | 7 | 14 |
| 7 | | | 13 | 1 | | | | | 8 | | | | | | 5 |
| | 1 | | | | | | | | | | | | 6 | 4 | 15 |
| | 14 | | 15 | | | | | 12 | 16 | 5 | 11 | | | | 2 |
| | 7 | | | | | 13 | | | | | | | 11 | 12 | 10 |
| 13 | 8 | | | | 1 | | | | | 12 | | | | | |
| 3 | | 10 | | | | | | | 15 | | | 1 | | | |
| 4 | | | 11 | | 12 | | | 5 | 10 | | | | | | 13 |
| | | 3 | | | | | | 1 | | | | | | | 7 |
| 6 | | | 7 | | 5 | 11 | | | 3 | 13 | 9 | | 4 | | |
| | 4 | | | | 7 | | | | | 16 | | | 13 | | 6 |
| 2 | | | | | 15 | 3 | | 4 | | | | | | | 12 |

## #44

| | | | | | | | | | | | 13 | 5 | 4 | | |
|---|---|---|---|---|---|---|---|---|---|---|---|---|---|---|---|
| | 12 | | | | 5 | | | | | | | | | 6 | 9 |
| | 5 | | | 12 | | 2 | | | | | 9 | | 1 | | 10 |
| | 1 | 9 | 11 | | | | | | | | 6 | | | | 12 |
| | | 1 | | | | 15 | | | | 12 | 14 | 8 | 4 | | |
| | 14 | | | | | 16 | | | | | | 9 | | | |
| 7 | | 11 | | | 14 | 12 | | | | | | 13 | 10 | 5 | |
| | | 13 | | 8 | | 10 | | | | | 2 | | | | |
| 11 | | | | | | 8 | 6 | | | 16 | 9 | | 5 | | |
| | | 5 | | | | 2 | | | | | | 7 | 14 | 11 | |
| | 1 | | | | 2 | | | 14 | | | | | | | |
| 14 | | 7 | 16 | | | | | | | | | | | | |
| 6 | 9 | | | | 11 | | | | 16 | | | | | | |
| | | | | 7 | | 13 | | | | | | 4 | | 1 | 3 |
| | 8 | 15 | | | | 14 | 12 | | | | | | | | |
| | | | 7 | 15 | 2 | 12 | | | 3 | | | | | | |

# #45

| | | | | | | | | | | | | | | | |
|---|---|---|---|---|---|---|---|---|---|---|---|---|---|---|---|
| | | | | | | | 4 | 3 | | 7 | | 8 | | | |
| | 5 | | | | 8 | | 7 | | | | | | 3 | 9 | |
| | 8 | | 7 | 3 | | | | | | | | 4 | | | |
| | | 2 | 12 | | | 6 | 11 | | 8 | | | | 1 | 10 | |
| | | 3 | | | | | | | | 7 | | | | 2 | |
| | | | 2 | | | | | 9 | | | | | | | |
| | | | 6 | 8 | | | | | 13 | | | | | 1 | 15 |
| | | | 12 | | | | 3 | 11 | 2 | | | | | 6 | |
| | 5 | | | 4 | | | 12 | | | | | | 15 | | |
| 14 | | | | | | 7 | 15 | | | | | | 10 | 5 | 1 |
| 10 | 3 | 8 | 15 | | 1 | | | | | | | | | | |
| 4 | 2 | | 9 | | | | | 1 | | | | | | | 12 |
| | 4 | | | | | | 13 | | | | | 1 | | | |
| | 7 | | | 16 | 4 | | 9 | 15 | 3 | | 12 | | 2 | | |
| | 16 | | | | | 15 | 10 | | | | | | | 4 | 13 |
| | | 11 | | 7 | 3 | | | | | 13 | 2 | | | | |

**#46**

| | | 12 | | 11 | | | | | 7 | 15 | | | | | 3 | |
|---|---|---|---|---|---|---|---|---|---|---|---|---|---|---|---|
| | | | | 8 | | | | | 10 | | | | 12 | 14 | | |
| 16 | 11 | | 3 | | | | | | 14 | | | | | | | |
| 13 | | | 6 | | | | 16 | | | | | | | 8 | | |
| | 7 | 13 | 5 | | | | | | | 12 | | | | | 10 | |
| 4 | | | | | 12 | | 10 | | | | | | 8 | | 15 | |
| | | | 15 | 10 | | | 3 | | | | | | | 7 | 11 | |
| | 12 | | | | | 3 | | | 1 | | | | | 13 | | |
| | | | 9 | 1 | 6 | 8 | | | | | 3 | | | | | |
| | 6 | | | | | | | | 12 | 10 | 8 | | | | | |
| 14 | | | | 15 | | | 2 | | | | | | | | | |
| 12 | 1 | 15 | | | | | | | | | | | 10 | | 14 | |
| 8 | | | | | 10 | | | | | | | | 15 | | | |
| | 4 | 10 | | 5 | 7 | 11 | 13 | | | | | | | 16 | 8 | 9 |
| | | | 13 | 4 | | 16 | | | | | 15 | | | | | |
| | | | | | 15 | | 12 | 8 | 13 | | 3 | 7 | 4 | 5 | | |

46

## #47

| | | | | | | | | | | | | | | | |
|---|---|---|---|---|---|---|---|---|---|---|---|---|---|---|---|
| | | | | 13 | | | 3 | | | | | 10 | 2 | | 5 |
| | | | 2 | 12 | 6 | | | | | | | | | | 4 |
| 7 | | | | | | | | | | 1 | | | 6 | | |
| | | | 4 | | | | | 12 | | | | | | | 16 |
| | | | | 11 | 1 | 13 | | 7 | | | 14 | 16 | | 2 | |
| 6 | | | | | 8 | | | 13 | 2 | | | 15 | 12 | 4 | |
| | | | | | | | | | | | | 9 | | | |
| | | | | | | 2 | 4 | | 1 | | 15 | 5 | | 6 | 11 |
| 14 | | | 1 | 15 | | | | | | 10 | 9 | | 4 | | 8 |
| 4 | | 6 | | | | | | | | | | | | | |
| | | | | 6 | | 1 | | | 4 | | | 3 | | | |
| | | | | | | 7 | | | | | 6 | | 9 | 16 | |
| | | | 5 | | 2 | 6 | | | 15 | 11 | 1 | | | 12 | |
| | | | | | 5 | | 13 | | 8 | | | | | 3 | |
| | | 14 | | 4 | | | | | | | | | | | |
| | | 4 | | | | 11 | 15 | | | | 13 | | | | |

## #48

| | 8 | 15 | | | 1 | | | | | | | | | | 2 |
|---|---|---|---|---|---|---|---|---|---|---|---|---|---|---|---|
| 14 | | 16 | | | | | | 11 | | 5 | | 13 | | | |
| | | | | | 10 | | | | 7 | | | 6 | | 16 | 12 |
| | | 12 | | | | | | 4 | | 2 | | | | | |
| 16 | | | | | 15 | | | | | | | 11 | | 13 | |
| 3 | 11 | | 4 | | | | 5 | | | | | 1 | | | |
| | 14 | | | 11 | 6 | | | 5 | | | 3 | | | | 16 |
| | 6 | | 15 | | 16 | | | | 11 | | | 2 | 10 | 3 | 9 |
| | 14 | | 8 | | 13 | 7 | | | | | | 10 | | | |
| | | | | | 4 | | | 9 | | 12 | | | 16 | | |
| 6 | 16 | | | | 1 | | | 7 | | | | 5 | 2 | 4 | |
| 2 | | | 8 | | | | | | | | | | | | |
| | 5 | | | | | | | 16 | | | | | | | |
| | 13 | 8 | | 2 | 3 | | | | | | | | 9 | | |
| | | 2 | 7 | | 12 | | | | | | | | 14 | 5 | |
| 10 | 12 | | 6 | 8 | 5 | | | 2 | 9 | | | | | | |

## #49

| | | | | | | | | | | | | | | | |
|---|---|---|---|---|---|---|---|---|---|---|---|---|---|---|---|
| | | 4 | | 16 | | | 8 | 14 | | | | | | | 10 |
| | | | | | | | | | | | | | 4 | 5 | 16 |
| 10 | | | | | 7 | | | 9 | | | | | | | |
| 9 | 14 | | 2 | 6 | | 5 | | | 10 | | | | | | |
| | | 14 | | | 15 | 16 | | 10 | | | | | | | |
| | | | 9 | 1 | | | 11 | | | | | | | 2 | 3 |
| 12 | | | | | | | 3 | | | | 7 | | 16 | | |
| | | | | | | | | | | | | 9 | | | |
| | | 2 | | 12 | | | 13 | | | 7 | | | | | |
| | | | | | | | | 15 | | | | | 11 | 3 | |
| 5 | 3 | | | | | 7 | 6 | | 12 | | | | | | 1 |
| | | | | 14 | | | 1 | | 13 | 4 | 10 | | | | 2 |
| | 7 | 10 | | | | | | 4 | | | 8 | 2 | | 16 | 12 |
| | | 11 | 5 | | | | | | | 13 | | | | 10 | 9 |
| | | | | | | | | | | | | | 6 | 7 | |
| | | | | | | | | | | | 11 | 15 | | | |

# #50

| | | | | | | | | | | | | | | | |
|---|---|---|---|---|---|---|---|---|---|---|---|---|---|---|---|
| 3 |  |  |  |  |  | 6 |  | 8 | 14 | 13 |  |  |  |  |  |
|  | 11 |  | 9 |  |  |  | 15 |  |  |  |  |  |  |  |  |
|  |  | 16 |  |  |  | 14 |  |  |  |  |  |  | 2 |  |  |
|  | 14 | 2 |  | 15 | 3 |  | 13 | 11 |  |  |  |  | 7 |  |  |
| 11 |  |  |  |  |  | 13 | 12 | 14 |  |  |  |  |  |  | 9 |
|  |  |  | 4 | 5 | 8 |  | 9 |  |  |  | 6 |  | 11 |  |  |
|  |  | 10 |  | 16 | 7 |  |  |  |  |  | 12 |  | 3 |  |  |
|  |  |  |  |  |  |  | 11 |  |  | 13 |  | 12 |  |  | 6 |
|  | 13 | 14 |  |  | 2 | 3 |  |  |  |  |  | 4 | 5 | 12 |  |
| 10 | 4 | 8 |  | 13 |  |  |  |  |  |  |  |  | 9 |  |  |
|  | 9 |  |  |  |  |  |  |  |  |  | 6 |  |  | 10 |  |
| 5 |  |  |  |  |  |  |  |  | 7 |  |  | 11 |  |  |  |
|  |  | 8 |  |  | 16 |  |  | 12 |  | 2 |  |  |  |  |  |
| 4 |  | 3 |  |  |  |  |  |  |  | 15 | 9 |  |  | 2 |  |
|  |  |  |  |  | 4 | 2 |  | 10 |  |  |  |  |  |  |  |
|  |  |  |  |  | 15 | 1 | 7 |  |  |  |  |  |  |  | 3 |

50

## #51

| | | | | | | | | | | | | | | | |
|---|---|---|---|---|---|---|---|---|---|---|---|---|---|---|---|
| | | | | | | 3 | 13 | 9 | | | 5 | | | 1 | |
| | | | 9 | | 14 | | | 3 | | | | | | | |
| | | 2 | 6 | | | | | | | | | | 10 | | |
| | | | | 12 | | 7 | | 14 | | | | | | | |
| 5 | | | | | 11 | | | | | | | | | 15 | |
| 12 | 8 | 10 | 13 | | | 5 | | | 7 | 9 | | | | | 2 |
| | | | | 4 | 1 | | | | | 15 | 3 | | | | |
| 4 | | | 3 | | | 13 | | 11 | | 5 | | 1 | | | |
| | | | | | | | | | | | 9 | 8 | | | |
| | | | | 11 | | 6 | 12 | | 16 | | | 14 | | | 3 |
| 6 | | | 16 | | 3 | | | | | | | 13 | 2 | | 10 |
| | | 11 | | | | | | | | | 14 | 5 | 12 | | |
| | | | | 13 | | | | | | | | | | | 14 |
| | | | 15 | 6 | | 10 | | 7 | | | | 11 | | | |
| 2 | | | | | | | | 1 | | | | | | 7 | |
| 11 | | | | | | 14 | | 6 | | | | 2 | | | |

# #52

| | | | | | | | | | | | | | | | |
|---|---|---|---|---|---|---|---|---|---|---|---|---|---|---|---|
| | | | 3 | 11 | | | | | | | 2 | | | | |
| 11 | | | | 13 | 3 | 10 | 5 | | | | | 7 | | | |
| | 15 | | | | | | | | | | | | 5 | | |
| | | | | | | | | | | | | | 8 | | 16 |
| 7 | 9 | | | 12 | | | | | 10 | | | 16 | | | |
| | | | 16 | 10 | | 5 | | | | | | | | | |
| | 11 | 1 | | | 13 | 14 | 16 | | | 2 | | | | | |
| | 12 | | | | | 8 | | 15 | | 11 | 9 | | 6 | | 2 |
| 8 | | | | | 5 | | | | | | | | | | 10 |
| 16 | | | 6 | | 10 | | | 7 | 2 | 5 | | | 13 | 1 | |
| | | 7 | | 6 | | 3 | | | | | | 5 | | | 14 |
| | | | | | | | | | | | 13 | | | | |
| | | | 9 | | 12 | | | | 4 | 16 | | | | | 3 |
| | | | | | | | 14 | | 11 | | | | | 7 | 6 |
| 1 | | 2 | | | 7 | | 15 | | | 12 | | | 4 | 9 | 5 |
| | 3 | 11 | | | | 6 | 10 | | | | 5 | | | | 1 |

## #53

| | | | | | | | | | | | | | | | |
|---|---|---|---|---|---|---|---|---|---|---|---|---|---|---|---|
| 1 |  | 2 |  |  |  |  | 10 |  |  |  |  |  |  |  |  |
|  |  |  |  |  |  | 1 | 4 |  | 10 |  |  |  |  |  |  |
|  |  |  |  |  | 8 |  |  |  |  | 3 |  | 2 | 4 | 15 |  |
| 15 |  |  | 8 |  |  |  |  |  |  |  |  | 10 | 3 |  |  |
| 14 |  |  | 5 | 6 |  |  |  | 4 |  | 11 | 3 |  |  |  | 15 |
|  |  | 15 | 16 | 11 |  |  |  |  |  | 8 |  |  |  | 9 |  |
|  | 7 | 9 | 12 |  |  | 13 |  |  |  |  | 1 |  |  |  |  |
|  |  | 11 |  |  |  |  |  |  |  |  | 13 |  |  |  | 3 |
| 11 |  |  | 7 | 10 | 14 | 3 |  |  |  | 9 |  |  |  |  |  |
|  | 10 |  |  | 4 |  |  |  |  |  |  |  |  |  |  |  |
|  |  |  |  |  | 5 |  |  | 6 | 13 | 16 |  |  |  |  | 10 |
| 4 |  |  | 2 | 9 | 7 |  |  | 1 |  |  |  |  |  | 5 |  |
|  | 2 |  | 9 | 13 |  |  |  |  |  |  |  |  |  |  |  |
| 16 | 4 | 7 | 10 |  |  |  |  |  |  |  |  |  |  | 6 |  |
|  | 15 |  | 3 | 16 |  |  |  |  | 6 | 13 |  |  |  |  | 8 |
| 12 |  |  | 2 |  | 10 |  |  | 8 | 4 |  |  |  |  |  |  |

**#54**

| | | | | | | | | | | | | | | | |
|---|---|---|---|---|---|---|---|---|---|---|---|---|---|---|---|
| | | | | | | | | | | 1 | | | | 14 | 16 |
| | 4 | | | | 12 | | | | 11 | | | | | 8 | |
| | | 7 | | | | 8 | | 2 | | | | | | 4 | |
| 15 | | | 2 | 13 | | | 16 | 8 | | | 14 | | | | |
| 4 | | | | 12 | | | | | 1 | | 16 | 7 | | | 14 |
| 14 | | | | | | | | 11 | 9 | | | 6 | | | |
| | | | | 7 | | | | | | 15 | | | | | |
| 12 | | 2 | | | | | | | | | | | | | |
| | 5 | | | | 14 | | | 16 | 8 | | | | | | |
| | | | | | 5 | | | 3 | | | | | 16 | | |
| | | 12 | | | | | | | 7 | 2 | 6 | | | | |
| 3 | | | | | 12 | | | 11 | 5 | | 10 | | | | 4 |
| | 10 | | | | | | 11 | 1 | | | 6 | | 2 | 13 | |
| 11 | | | | | | | | | 2 | | | | 14 | | |
| | | 12 | 5 | | 7 | 14 | | | | | | | 1 | | |
| | 15 | | | | 13 | | | 14 | | 11 | | | | 5 | |

#55

| | | | | | | | | | | | | | | | |
|---|---|---|---|---|---|---|---|---|---|---|---|---|---|---|---|
| | | | | | | | | | | 13 | | | | | |
| 6 | | 12 | 11 | | | 8 | | 16 | | | | 13 | | | |
| | | | | | | | | 6 | | | | | 7 | | 16 |
| | 5 | | | | | | 7 | | | | | | | | |
| | | | 8 | 5 | | | 2 | | | | | | | | |
| 16 | 9 | | | | | | | | | | | | | 15 | 8 |
| | | | | | 9 | 6 | | | | | | 16 | | | |
| 12 | | 11 | | | | | | 9 | | | | 7 | | 3 | 14 |
| | 11 | | 10 | 13 | | 3 | | | | | 12 | | | 6 | |
| 9 | | | 7 | 2 | | | | | 11 | | | | | 13 | |
| | | | 1 | | | | | 2 | | | | | | | |
| | 12 | | | | | | 8 | | | | | | | 5 | |
| | | | 12 | | | | | 5 | 13 | | 9 | | | | 10 |
| | 2 | | | 1 | 14 | | | 3 | | | | 6 | 4 | 12 | |
| | 4 | | | 12 | 5 | | | | 7 | | 1 | | 15 | | 13 |
| | | | 15 | 9 | 8 | | | | 10 | | | | | 7 | |

## #56

| | | | | | | | | | | | | | | | |
|---|---|---|---|---|---|---|---|---|---|---|---|---|---|---|---|
| | | | 10 | | | | | | | 1 | 12 | | | | 5 |
| | | 3 | | | | | | 6 | | | 14 | | | 11 | 13 |
| | 1 | | | 3 | | 12 | | | 2 | | | | | | |
| | 15 | | | 5 | | 1 | 9 | 12 | | | | 3 | | | 10 |
| | | 4 | | | | | | | | | | | | 13 | 2 |
| 3 | | 2 | 4 | | 13 | | | 14 | | | | | 8 | | |
| | | 15 | 8 | | 5 | 14 | | | 3 | | | | 10 | | |
| 6 | | | 11 | | 1 | | | 7 | | | | | | | 4 |
| | | | | | | 6 | | | | | 7 | 4 | | | |
| | | | 9 | 4 | 12 | 5 | | | | | | 14 | | | |
| | | | 1 | 10 | | | | | 4 | | | | | | 15 |
| | | | 7 | | | | | | 5 | | | 10 | 12 | 3 | 1 |
| 8 | | 7 | | | 3 | 4 | | | | | | | | 10 | 9 |
| | 3 | | 2 | 1 | | | | | | | | | | 16 | |
| | | 2 | 13 | 8 | | 16 | | | | | | | | | |
| 10 | | 6 | 13 | | | | | | | 14 | | | | | |

56

## #57

| | | | | | | | | | | | | | | | |
|---|---|---|---|---|---|---|---|---|---|---|---|---|---|---|---|
| | | 10 | 14 | | | | | 5 | | | | | | | 3 |
| | | 16 | | 15 | | | | | | | 12 | 4 | 10 | | |
| | 1 | | | 2 | | | | 8 | | | | 5 | | | 6 |
| | 7 | | 8 | 16 | 12 | 13 | | 4 | | 10 | | | | | 1 |
| | | 11 | 10 | 2 | | | | 12 | | | | | | | |
| | 10 | | 7 | | | | | 6 | | | | | 12 | | |
| | 13 | | | | | 12 | | 16 | 3 | | | | | | |
| 8 | 14 | | 12 | 13 | | | | | 4 | | | | | | |
| 14 | | | | 4 | | | | 15 | 13 | | | | | 9 | 11 |
| 16 | | | | | | | | | | | | 12 | 6 | | |
| | 12 | | | | 7 | | | | | | 10 | | | | |
| | | 1 | | 12 | | | 5 | | | | | | | 2 | |
| 6 | | 14 | | 5 | | | | | | | | 9 | | | |
| 1 | | | | | | | | | 15 | | | | | 14 | 12 |
| 7 | | | | | | | | | | | | | | | |
| 9 | | | 11 | 12 | 14 | | | | | | | 1 | | 13 | |

#58

| 8 | 13 |  |  | 14 |  |  |  |  |  |  |  |  |  |  | 12 |
|---|---|---|---|---|---|---|---|---|---|---|---|---|---|---|---|
| 2 |  |  | 15 |  | 5 |  |  | 14 | 12 |  |  | 3 |  |  | 10 |
|  |  |  | 4 |  |  |  |  |  | 1 | 16 |  |  |  |  |  |
|  |  | 6 |  |  |  |  |  |  |  |  |  |  | 7 |  |  |
|  |  |  | 14 | 8 | 1 |  |  | 16 |  |  |  |  |  |  | 3 |
|  | 10 | 13 | 6 | 4 |  | 12 |  |  | 5 |  |  | 8 |  |  |  |
|  |  |  |  |  |  |  | 15 | 12 | 14 | 6 |  |  |  |  |  |
|  |  | 9 |  |  | 7 |  | 11 |  |  |  | 8 |  |  |  |  |
|  |  | 1 |  |  |  |  |  |  |  |  |  |  | 6 |  | 5 |
|  |  |  |  |  | 9 | 1 |  |  |  |  |  |  |  |  |  |
|  |  | 8 | 11 | 7 |  |  | 10 | 6 | 16 |  |  |  |  |  | 1 |
|  |  |  |  | 2 |  |  | 3 |  |  |  |  |  | 8 |  | 11 |
| 15 |  | 3 |  |  |  |  | 13 |  |  |  |  |  | 10 |  |  |
|  |  |  |  |  |  |  | 5 |  | 10 | 1 |  | 13 |  | 11 | 15 |
|  |  | 10 |  |  |  | 2 |  |  |  |  |  |  | 4 | 6 | 14 |
|  |  |  |  | 3 | 10 |  |  |  |  | 14 |  |  |  | 5 |  |

# #59

| | | | | | | | | | | | | | | | |
|---|---|---|---|---|---|---|---|---|---|---|---|---|---|---|---|
| 4 | 5 | | | | | 14 | | | 2 | | | | 6 | | 8 |
| 14 | | | | | | | | | 10 | | | 1 | | 12 | |
| | | 13 | | | | 2 | 9 | 6 | 11 | | | | | | |
| | 11 | | 9 | 7 | | | 1 | | | | | | | 13 | |
| | | | | | | | | 16 | | | | | | | |
| | | | 16 | | | | 10 | | 7 | | | | | | |
| 9 | 12 | | 13 | | | | 11 | | 6 | | | | 10 | | |
| | 7 | | | | | | | | 9 | | 3 | | | | |
| | | | | | 15 | 10 | | | 3 | 9 | | | | | |
| 15 | 6 | | | 16 | 9 | | 8 | 2 | 1 | | | 12 | | | |
| | | | | | 7 | 12 | | | | 10 | | | | | |
| | | 12 | | | | 1 | 3 | | 15 | 16 | 11 | | | | 4 |
| | 3 | | | 13 | | | 15 | | | | | 10 | | | |
| 2 | | | 15 | 12 | | 3 | | | | 8 | 16 | | | 11 | |
| | | 9 | | | | 8 | | | | | 2 | | | 4 | |
| | | | | | | | | 3 | | 7 | | | | | |

## #60

| | | | | | | | | | | | | | | | |
|---|---|---|---|---|---|---|---|---|---|---|---|---|---|---|---|
| | | | | | | | | | | | | | | 16 | 1 |
| | | 16 | | | 2 | | | | 11 | | | | | 13 | 9 |
| | | | | | 3 | | | | | | 5 | 6 | | | |
| | | | 6 | | | | | | | 16 | | | | | |
| 11 | | | | 5 | | | | | | 9 | 10 | | | 1 | |
| 1 | 5 | | | | | | | | | 12 | | | | 15 | |
| | | 7 | 9 | 1 | | | 12 | 8 | 6 | 11 | | | | | |
| | 15 | | | 2 | | | 8 | | | | 14 | | | | |
| | | | 16 | | | | | 10 | | | 13 | | 6 | | |
| | | | | | | | | | | | 11 | | | 5 | |
| | 2 | 5 | 7 | | | 1 | | | | | | 4 | | | |
| 4 | 10 | | | 8 | | 5 | 13 | 1 | | | | 11 | | | |
| | 16 | 3 | | 11 | | | | | | | | | | | |
| | | 1 | | | 13 | | | 7 | | | 12 | | | | |
| | 13 | 4 | | | | 15 | | 14 | 8 | | 16 | | 9 | | |
| | | | | | | | | | | | | 16 | 14 | | |

## #61

| | | | | | | | | | | | | | | | |
|---|---|---|---|---|---|---|---|---|---|---|---|---|---|---|---|
| | 13 | | | | | | 7 | | 12 | | | 5 | | | |
| | | 1 | | | | | | | | | | | | | |
| | | | | 2 | | | | | | | 4 | 15 | | | 12 |
| | | | | 14 | 9 | | 4 | | 13 | | 5 | | | | |
| | | 2 | 12 | | | | | | | | | | | 4 | |
| | | | | | 4 | | | | | | | | 12 | | |
| 3 | | | | | | | | 12 | | | | 13 | | 8 | 10 |
| | | | | | | | 8 | | | | | | | 2 | |
| | 14 | | | 1 | | | 13 | | 6 | 5 | | | 8 | | |
| 2 | | 7 | 13 | | | 4 | | 15 | | | 16 | 9 | | | 5 |
| | | 4 | | | | 7 | | | 10 | | 14 | | 16 | | 2 |
| | | | 5 | | 6 | 8 | | | | | | | 10 | | |
| | | | | | | | | | | | | 2 | 4 | | |
| 11 | | | 7 | | 1 | | | | 14 | | 8 | | | 5 | |
| 13 | | 14 | 4 | | | 9 | | | | | 10 | | | | |
| | 2 | | | | 11 | | | 4 | 15 | | 1 | | | | 8 |

## #62

| | | | | | | | | | | | | | | | |
|---|---|---|---|---|---|---|---|---|---|---|---|---|---|---|---|
| | | | 13 | | | 8 | | | | 12 | | | | | |
| | | | | | | | 3 | | | 10 | | | 9 | 15 | 13 |
| | | | 14 | | | 12 | | 9 | 16 | | | | | 1 | |
| | | | | | | | | 1 | | | | | | | |
| | | | | 14 | | 2 | 4 | | | | | | | | |
| 6 | 2 | | 10 | | | | | | | 7 | | | 3 | 16 | |
| | 5 | | 4 | | | | | | 8 | | | | | | 7 |
| 11 | 1 | | | | 7 | 15 | | | | | | | | | |
| 2 | | 5 | | | | 9 | | | 3 | | 16 | | 1 | 7 | |
| | 13 | | 1 | 8 | | | 11 | | | | | | | | |
| | | 7 | | | | 10 | | | | | | | 4 | | |
| | 4 | | | 1 | | 3 | | | | 2 | 7 | 11 | | 9 | |
| | 3 | 9 | | 12 | | | | | | 11 | | | | | |
| | | 16 | 2 | 15 | | | | | 6 | 9 | | 14 | | | 1 |
| | 6 | | | | | | | | | | 8 | 9 | 12 | 10 | 2 |
| | | | | | | | | | 1 | | | | 11 | | |

## #63

| | 5 | 14 | | | | | 1 | 11 | | | | | | | 13 |
|---|---|---|---|---|---|---|---|---|---|---|---|---|---|---|---|
| | | | | 9 | 2 | 10 | | | | | 1 | | | | 15 |
| | | 7 | | | | | 15 | | | | | 6 | | | |
| | | | | | | | | | 2 | 13 | | 5 | | 11 | 7 |
| 2 | | | 5 | | | | | 13 | | | | | 3 | 10 | |
| 10 | | | 16 | | | 6 | | | | | | | | | 11 |
| | 7 | 9 | | | 1 | | | | | | | 16 | 4 | | |
| 6 | | | 3 | | | | | | | | 15 | | 14 | 5 | |
| | | | | 11 | | 14 | | | | 7 | | 8 | | | 1 |
| | | 12 | 6 | | | | | 10 | | | | | | 16 | 4 |
| 7 | | 10 | | 8 | | | | | | 5 | | 13 | 6 | | |
| | 11 | 5 | | | 12 | | | | | | | | | | |
| | 9 | | 14 | | | | | | | | | 4 | | | 5 |
| | | 3 | 11 | | | | | | | 6 | | | 1 | 7 | 16 |
| | 13 | | | 1 | 5 | | 7 | 2 | | 16 | | | | 6 | |
| | | | | | 13 | | | | | | | | 2 | | 14 |

## #64

| | | | | | | | | | | | | | | | |
|---|---|---|---|---|---|---|---|---|---|---|---|---|---|---|---|
| | 2 | | 14 | 4 | 15 | 3 | | | | | | | | | |
| | 1 | | 13 | | | | 15 | | 12 | 14 | | | | | 16 |
| | | 9 | | | | | 4 | | 3 | 5 | | 11 | | | |
| | | | | | | | 6 | | 9 | | | | | | |
| | | 4 | | 9 | | 3 | 8 | | | | | | 12 | | |
| | | 3 | 10 | | 11 | 12 | 9 | | 5 | | | | | | |
| | 10 | | 1 | 8 | | | | | 14 | | | | 5 | 6 | |
| | | | | | | | | 9 | | | | | | | |
| | | 6 | | 2 | | 8 | | | | | | 1 | | | |
| 16 | | | 11 | 15 | | 6 | | | | | | 4 | 14 | | |
| 15 | | | | 7 | | | | | | | 3 | | | | |
| | | 3 | 7 | 12 | | 13 | | | | | | 6 | | | 5 |
| | 7 | 9 | | 12 | 10 | | | | | | 16 | | | | |
| | | | | 2 | | | | | 15 | | | | | | |
| 11 | | 6 | 7 | 14 | | 13 | 3 | | | | 12 | 10 | | | |
| 10 | 3 | | | | | | 12 | | | 2 | 14 | | | | 7 |

## #65

| | | | | | | | | | | | | | | | |
|---|---|---|---|---|---|---|---|---|---|---|---|---|---|---|---|
| 3 | | | | 14 | | 9 | | 10 | 1 | | | | | 11 | |
| 11 | | 5 | | 10 | | 6 | 3 | | 15 | | 8 | | | 9 | |
| | | | | | | 15 | | | | | | 14 | | | 13 |
| | | | | | | 4 | | 14 | | 5 | | 8 | | | |
| | | | | | | 16 | | | | 1 | 13 | | | | |
| | | | | | | | | | | | 2 | | | | |
| 2 | 15 | | | | 10 | 8 | | | 7 | 14 | | 3 | 9 | | |
| 8 | 6 | 14 | | | | | | 3 | 12 | | | | | | |
| 13 | | 10 | | | | | | | | | | | 15 | | |
| | 11 | | | 9 | | | | 8 | | | 10 | | 14 | | |
| | 9 | | | | 14 | 1 | | | | | | | 11 | | 10 |
| | 14 | 7 | | | | | | 9 | | | | | | 2 | |
| | | | 1 | 5 | | | | | 4 | | 11 | | | | |
| | | 8 | 9 | 11 | | 13 | | 2 | | 15 | | 1 | | 16 | |
| 6 | | 16 | | | | | | 12 | | | 3 | | | | |
| 12 | | 15 | | | | 10 | 6 | 7 | | | | | 13 | | |

**#66**

| | | | | | | | | | | | | | | | |
|---|---|---|---|---|---|---|---|---|---|---|---|---|---|---|---|
| 9 | 2 | | | | | | | | | | | 10 | | | |
| | | 10 | | 7 | 14 | | | 9 | | | | 11 | | | |
| | | 16 | | | | | | | | | 4 | 8 | | | 1 |
| | | 11 | 7 | | | | 16 | | | | | 2 | | | 9 |
| | 3 | 4 | | | | 10 | | | 14 | | 6 | | | | |
| | | | | | 4 | | 8 | | 9 | 1 | | | | | |
| | | 12 | 16 | | 3 | | 1 | 2 | | | | | | 8 | 7 |
| 10 | | | | | | | 9 | 13 | | | | | | | |
| | | | | 8 | 10 | | | | | | 14 | | 15 | 7 | |
| | | | 3 | 9 | | 7 | | | | 12 | | 13 | | | 8 |
| | 11 | | 6 | | | 2 | | | | 9 | | | 14 | | |
| 14 | 13 | | | | | 4 | | | | | 16 | | | | |
| | | | | 1 | 5 | | 7 | | | | | | | | |
| | | | 15 | | | | 2 | | | 9 | | | | | 11 |
| | | 2 | 13 | | | 3 | 4 | | | | | | | 12 | 6 |
| | | | | 6 | 15 | | | 7 | | | | | | 1 | 4 |

## #67

| | | | | | | | | | | | | | | | |
|---|---|---|---|---|---|---|---|---|---|---|---|---|---|---|---|
| 1 | | 16 | 11 | | | 3 | | 6 | | 9 | | | | | 4 |
| | | 10 | | | 16 | | | | | 15 | | | | | |
| | | 3 | | | | | | | | | 12 | | | | |
| | 12 | 7 | | | | | | 3 | | | | 15 | | | |
| 4 | 9 | 5 | | | | | | | | | | | | | 2 |
| | | | 12 | 6 | | | | | | 16 | | | | | |
| | | | | 15 | 10 | 4 | | | | | | 13 | | | |
| | | 11 | | 16 | 14 | | | | | | | | | | |
| | | 4 | | | | 7 | 2 | 10 | 16 | 8 | | 9 | 3 | | 5 |
| | | | | | | 3 | | | | | 4 | | | | 8 |
| | | | | | | | | 5 | 12 | | | | 7 | 11 | |
| | | | | | 8 | | | 15 | | 7 | | | | | |
| | | 16 | | | 4 | | | | 12 | 13 | | | | 6 | |
| 7 | 8 | | | 11 | | | 14 | 15 | | | | | 2 | | 12 |
| | 5 | | | 2 | | | | | 6 | | | 8 | | | |
| | | | | | | | | | | 1 | | | | | |

# #68

| | | | | | | | | | | | | | | | |
|---|---|---|---|---|---|---|---|---|---|---|---|---|---|---|---|
| | | | | 12 | | 4 | | | | 6 | 3 | 16 | | | |
| 10 | | | | | | | | | | | | | | | 12 |
| | | 15 | | | | | | | 11 | 1 | | | 2 | | |
| | 3 | | | | 15 | | 13 | | | | | | | 11 | |
| | | | | | | | | | | 15 | | | 14 | | |
| | 7 | 10 | 4 | | | 8 | | | | | | | 3 | | |
| | | | | 10 | | 11 | 15 | | 13 | 3 | | | | | |
| 15 | | 3 | | | | | 4 | | | 16 | | 13 | | | |
| | | | | | | | | | 2 | | | | 11 | 5 | |
| | | | 3 | | 12 | | | | 4 | | 11 | | 9 | 13 | 14 |
| 9 | | 1 | | 14 | | | 7 | | | | 5 | | 8 | 12 | |
| | | | | | | | | | 1 | | | | | | 4 |
| | | | | 7 | | | 1 | | 6 | 14 | 9 | | 4 | 3 | 8 |
| 11 | | | | | | | | 1 | | | | | | | |
| | 1 | | | | | 14 | | | | | | | | 2 | 7 |
| | | 4 | 7 | 2 | | | | 11 | | | | 9 | 13 | | |

## #69

| | | | | | | | | | | | | | | | |
|---|---|---|---|---|---|---|---|---|---|---|---|---|---|---|---|
| 3 | 12 |  | 16 | 15 |  |  |  |  |  | 4 | 13 |  | 5 | 14 |  |
|  |  | 6 | 14 | 12 |  |  |  |  | 11 | 8 |  | 16 |  | 10 |  |
|  |  |  | 1 | 16 | 8 |  |  |  |  |  |  |  | 11 |  |  |
|  | 8 | 7 |  |  | 5 | 13 |  | 6 | 16 | 2 |  |  |  |  |  |
|  |  | 14 |  |  |  |  | 5 | 4 |  | 3 |  | 15 |  |  |  |
|  |  |  |  | 8 | 4 |  |  |  |  |  |  |  |  |  |  |
|  |  |  |  |  |  |  | 5 | 15 |  |  |  | 11 |  |  | 6 |
|  |  | 3 | 15 |  |  |  |  |  |  |  |  | 7 |  |  |  |
|  |  |  | 7 | 3 | 6 |  |  |  |  |  | 1 |  |  |  |  |
|  |  | 1 |  | 9 |  |  |  |  |  |  |  |  |  |  |  |
|  |  |  |  |  |  | 16 |  | 14 | 15 |  |  |  |  |  | 12 |
|  |  |  |  | 10 |  | 12 |  |  |  |  |  | 13 |  |  |  |
|  |  |  | 5 |  | 3 |  | 13 | 14 | 6 |  |  |  |  |  |  |
| 12 |  | 8 |  | 5 |  |  |  | 13 |  |  |  | 4 |  |  |  |
|  |  |  |  |  | 11 |  | 7 |  |  | 8 |  |  |  |  |  |
|  |  | 10 |  |  | 12 |  |  |  |  |  |  |  |  |  |  |

## #70

| | | | | | | | | | | | | | | | |
|---|---|---|---|---|---|---|---|---|---|---|---|---|---|---|---|
| | 10 | | | | 14 | | | 3 | | | | | 2 | | |
| | | | | | | 14 | 13 | | | | 1 | | | 3 | 7 |
| 14 | | | | | | 8 | | | | | 9 | | | | |
| 1 | | 6 | | | 15 | 11 | | | | | | | | | |
| 7 | | 15 | 1 | | | | | | | | | | | | |
| 6 | 5 | | 3 | | | | 1 | | 13 | | 7 | | | | |
| | | 14 | 8 | | | | | | 15 | | | | 5 | | |
| 10 | 4 | | | | | | | 9 | | | 6 | 2 | | | 3 |
| | | 4 | 9 | | | 10 | | | | 2 | | | 8 | 5 | |
| | | | | | | | | | | 4 | | 7 | 11 | | |
| | | 6 | 2 | | | | | | | 3 | | | | | 12 |
| | | 16 | | 8 | | | 13 | | | | | | | | 2 |
| | 8 | 16 | 5 | | 12 | 10 | 11 | 3 | | | | | 7 | 13 | |
| | 12 | | | 1 | | | | 16 | | 8 | 5 | | | 14 | |
| | | | | | 13 | | | 5 | | | | | | | |
| | 7 | 10 | | | | | | | | | 8 | | | | |

# #71

| | 5 | | | | | 7 | | | | | 15 | | 12 | | |
|---|---|---|---|---|---|---|---|---|---|---|---|---|---|---|---|
| | | | | 14 | | 5 | | | | | | | | | |
| | | 6 | | | 8 | | 4 | | | | 16 | | 7 | 15 | |
| 13 | | | | 15 | | 1 | | | | | 5 | | 10 | | |
| 10 | | | | | 5 | 6 | 14 | 15 | | | | | | 11 | |
| | | | | | | 10 | | | 7 | | . | | | | 2 |
| | | 7 | 5 | | | | | | | | | | | | |
| 11 | | 16 | | | 15 | 13 | | | | 12 | 8 | | | | 14 |
| 1 | 10 | | | 8 | | | | | | | 4 | | | | |
| | | 3 | | | 1 | 15 | 12 | | 6 | | | | | | 16 |
| | 14 | | 4 | | | | | | | | 12 | | | 1 | 10 |
| | | | | | | | | 1 | | | | | 3 | | |
| 8 | | | | 12 | 7 | | | 4 | | | | | 9 | 10 | |
| | 2 | | | | 14 | | | | | 1 | 6 | | 5 | | 8 |
| | | | | | | 15 | 16 | 3 | | | 12 | | | | |
| | 16 | | 14 | | | 6 | 11 | | | 2 | 13 | 15 | 4 | | |

71

# #72

| | | | | | | | | | | | | | | | |
|---|---|---|---|---|---|---|---|---|---|---|---|---|---|---|---|
| | 2 | | | | 10 | | | | | | | 16 | | | |
| | | | | 6 | | | | 12 | | | 10 | 7 | 8 | 4 | 9 |
| | | | 13 | 16 | | | | | | | 3 | | 6 | | |
| | | 4 | | 13 | | | | 16 | 11 | 6 | | | | | 15 |
| 2 | | | 15 | | 1 | | 4 | | | | | | | | |
| | 3 | | | 8 | | | | 14 | | | | 1 | | | |
| 8 | | 13 | | | | 15 | | 1 | | | | | 2 | | |
| 14 | | | | | | | | | 3 | | 15 | 11 | | | 16 |
| | | | | 2 | | | | 13 | | | | | | | 4 |
| | 10 | 11 | | | 14 | | 15 | 6 | 12 | | | 13 | 5 | 2 | |
| 13 | 7 | | | 12 | 3 | | 10 | 4 | | | | 15 | | | |
| | | | 14 | | | | | | | 10 | | | | | 3 |
| | 8 | | | | | 13 | | | | | | 9 | 6 | | 10 |
| | 13 | 5 | 16 | | | | 6 | | | | 12 | | | 1 | |
| 4 | 6 | | | | | | 8 | 1 | | | | | | | |
| | | | | | | | | 6 | | | | | | | |

# #73

| | | | | | | | | | | | | | | | |
|---|---|---|---|---|---|---|---|---|---|---|---|---|---|---|---|
| | | | | | | | | | | | 3 | | | | |
| | | 14 | | | | | 1 | | | 16 | 15 | | 8 | | |
| | | 12 | | 16 | | 11 | | | | | | | | 2 | |
| 1 | | | | 14 | | | 3 | | | | | | 13 | | |
| | | 6 | | 7 | | | | | | 8 | 1 | 12 | | | |
| | | | | 9 | | | 15 | | 5 | | 7 | 1 | 14 | | |
| 16 | | | | | | | | 12 | | 10 | | | | | |
| 2 | | 1 | 8 | 13 | | 5 | 14 | | | | | 6 | 10 | | 7 |
| 9 | | | | 15 | | | | | 11 | | 14 | 4 | | | |
| | 10 | 13 | | | 14 | 3 | | | | 9 | | | | | |
| 7 | | 5 | | | 16 | | 6 | | 1 | | | | | | |
| 12 | | | 4 | | | 8 | | | | | | | | 10 | |
| | 16 | | 11 | 3 | | | 10 | | 6 | | | | | 12 | |
| | | | 1 | | 2 | | | | 12 | | | | 3 | | |
| | 9 | | | | 6 | | | 15 | 16 | | | 8 | | 7 | 10 |
| 14 | | | | | 9 | | | | | | | | | | |

## #74

| | | | | | | | | | | | | | | | |
|---|---|---|---|---|---|---|---|---|---|---|---|---|---|---|---|
| 16 | 5 | 2 | | | 15 | 9 | 7 | | | | | | | | |
| 10 | | | | | | 16 | | 2 | | | | 14 | | | |
| | | | | 10 | 4 | | | 7 | | | | | | | |
| | | | | | | | 6 | | | | | | | | |
| | | | | | | | | | | | | 7 | | | |
| | | | | | | | | | | | | 10 | 15 | | |
| | 6 | | | | 10 | | | 1 | | 12 | | | | | |
| 7 | | 12 | | 15 | | 8 | 2 | | | | | | 6 | 11 | 4 |
| | | | | | | | | 13 | | | 16 | | | | |
| | | 5 | | | 6 | 15 | | | 4 | | | | | | 7 |
| 13 | 4 | | 8 | | | | 10 | | 9 | | | | 1 | | 3 |
| | | | | | | 13 | 9 | | 8 | | | 15 | 12 | 4 | |
| | | 7 | 6 | | | | | | | 5 | | 16 | 2 | 9 | |
| | | 13 | | | | | | 4 | | | | | | | |
| 5 | | | | | | | | | 7 | | | 1 | | | |
| 8 | | | | 5 | | 6 | | 9 | | | | | 7 | 15 | |

**#75**

| | | | | | | | | | | | | | | | |
|---|---|---|---|---|---|---|---|---|---|---|---|---|---|---|---|
| 2 |   | 11 | 6 | 10 | 4 |   |   |   |   |   | 7 |   | 3 |   |   |
| 16 |   |   |   | 6 |   | 7 |   |   |   |   |   |   |   |   | 13 |
| 4 |   |   |   |   |   |   |   |   |   | 10 |   | 6 |   |   | 1 |
|   |   | 7 |   | 16 |   | 1 |   |   |   |   |   | 12 |   |   | 9 |
| 8 | 16 |   |   | 3 | 5 |   |   |   |   | 9 |   |   |   |   | 15 |
| 1 | 10 | 3 |   |   |   |   |   |   | 11 |   |   |   |   | 16 | 12 |
|   |   | 6 |   |   |   | 16 |   |   | 7 |   |   |   |   | 8 | 11 |
| 7 |   |   |   |   |   |   |   | 13 |   |   | 15 |   |   | 6 |   |
|   |   |   | 9 | 11 | 10 | 1 |   |   | 2 |   |   |   | 3 |   |   |
|   | 6 | 1 | 16 |   |   |   |   | 15 |   | 3 |   |   |   |   |   |
|   |   |   |   | 9 |   | 4 |   |   |   |   |   |   |   |   |   |
| 12 |   |   | 7 |   |   |   |   |   | 9 | 11 |   |   |   |   | 14 |
|   | 5 |   |   | 14 |   | 6 |   | 15 |   |   |   |   |   |   | 10 |
|   |   |   |   |   |   |   |   |   |   |   |   |   |   |   |   |
|   | 8 |   | 1 | 13 |   |   |   | 14 |   |   |   |   |   |   | 5 |
|   |   | 10 |   | 16 |   |   | 5 | 1 |   |   |   | 14 |   |   | 8 |

## #76

| | | | | | | | | | | | | | | | |
|---|---|---|---|---|---|---|---|---|---|---|---|---|---|---|---|
| | 14 | | | | | 5 | | 1 | 10 | 12 | | 15 | | | |
| 2 | 1 | 5 | 13 | | | | 12 | | | | 7 | | | | 8 |
| | | | | | 13 | | | | | 8 | | | | | |
| 7 | 3 | | | | | 10 | 6 | | 11 | 2 | 16 | | | 12 | |
| | 8 | | 9 | | | | | | 12 | | | | 6 | | |
| | | 13 | | | | | | | | | 6 | | 7 | | |
| | 4 | | | | | | | | | | 5 | | | | |
| | | | | 10 | | 6 | 4 | | | | | | | | |
| | | | | 7 | 6 | | 10 | | | 4 | 1 | | | | |
| | 16 | | 11 | | 1 | | | | | 13 | | 10 | | | |
| | | | 2 | 12 | 11 | | | | | | | | 13 | 7 | |
| | | 7 | | | | | | 3 | | | | | | 15 | |
| | | 12 | | 14 | | | 16 | | | | | | | | 3 |
| | | | 16 | | | | | | | | 14 | 6 | 1 | | |
| | | | | | 10 | | | | 3 | | | 7 | | 16 | 15 |
| | | | 3 | 4 | | | 11 | 16 | | | | | | | |

## #77

| | | | | | | | | | | | | | | | |
|---|---|---|---|---|---|---|---|---|---|---|---|---|---|---|---|
| | 1 | | | | | | | | 7 | 16 | | | 3 | | |
| | | | | | | | | 9 | 8 | | | 5 | | | |
| 16 | 7 | | 5 | | | | | | | | | 10 | 1 | 11 | |
| | | | | 16 | 10 | 14 | | 3 | | | | | 12 | | |
| | | | | 3 | 8 | 6 | | | | | | | | | |
| | | 11 | | | | 9 | 10 | | | | | | | | |
| 7 | | | | 1 | | | 14 | | | | | | | 13 | 10 |
| | | | 15 | | 12 | | | | | | | | 7 | | |
| | | 6 | | 11 | | | 16 | | 9 | 4 | | | | | |
| | | 10 | | | | | | 12 | | | | 11 | | | |
| 1 | | 12 | | | 4 | 8 | | | | 10 | | | | 7 | |
| 2 | | 8 | 16 | | | 13 | | | | | | | 9 | 10 | |
| | 3 | 14 | | 2 | | | | | | | | | | 4 | |
| | | 7 | 2 | | 16 | 1 | | | 13 | | | | | | |
| | | 13 | | | | | 6 | | 5 | 14 | 2 | | | 9 | |
| | | | 6 | | | 4 | | | | | | | | | |

## #78

| | 4 | | | 8 | 11 | 3 | | | | 12 | 9 | 15 | | | |
| --- | --- | --- | --- | --- | --- | --- | --- | --- | --- | --- | --- | --- | --- | --- | --- |
| | 12 | | | 10 | | | | 11 | | | | | | 8 | |
| 10 | | 11 | | 1 | | | | | 4 | | | 3 | 2 | | |
| | | | | | 4 | 5 | | | 6 | | 7 | | 13 | | |
| | 15 | 8 | | 16 | 9 | 11 | | 3 | | | | 12 | 10 | 5 | |
| | | | | | | | | | 7 | | | 11 | | | |
| | | 14 | | 3 | | 13 | | | 10 | | | | | | |
| | | | 10 | | | | | | | | 8 | 16 | | | |
| | 16 | 15 | 12 | | | | | | | | | | 1 | | 3 |
| | | | | 9 | | 1 | | | | | | | | | |
| | | | | 5 | 3 | | 15 | | | 4 | | 7 | | | |
| | | 6 | 2 | | | | | | 3 | | | 8 | | | |
| | | | | | 16 | | | 12 | | 3 | | | | 13 | |
| | 2 | | | | | | 11 | | | | | | 12 | 7 | |
| | 7 | 16 | | 13 | 12 | | | 14 | | | | | | | |
| | | | | | | 1 | | | 9 | | | | 3 | | |

## #79

| | | | | | | | | | | | | | | | |
|---|---|---|---|---|---|---|---|---|---|---|---|---|---|---|---|
| | 15 | 14 | 3 | 10 | | | | 5 | | | | | 16 | | 9 |
| 4 | | | 11 | | 14 | 9 | | | 13 | | | | | | |
| | | | | | 5 | | 15 | | 9 | | | | 14 | 1 | |
| | | | | | 13 | | | | | 15 | | | | 8 | |
| 13 | | | | 8 | | | | | | | | 11 | | 6 | |
| | | | | 3 | 10 | | | | | | | | 13 | | |
| | | | | | | 7 | 6 | | | | | | | | |
| | 7 | | | 13 | | 5 | 1 | | | 10 | 15 | | 2 | 14 | |
| | | | | | | | | 4 | | | | | 3 | | 12 |
| 3 | | 4 | | | 1 | | | | | | | | | | 16 |
| 7 | | | 5 | 15 | 3 | 12 | | | | | | | | 10 | |
| | 12 | | | 5 | | 4 | 11 | | | 14 | 3 | | | | |
| | | | 8 | | 15 | | | | | 4 | | 7 | | 12 | |
| | | 6 | | 12 | | | | | 1 | | 7 | | | | |
| | | | 4 | | | | | 6 | 10 | | | 3 | | | 15 |
| 15 | | 7 | | | 1 | | | | | | 2 | 8 | | | |

## #80

| | | | | | | | | | | | | | | | |
|---|---|---|---|---|---|---|---|---|---|---|---|---|---|---|---|
| | 4 | | | | | | 7 | 14 | 10 | | | 3 | | 2 | 16 |
| | | 15 | | | | | 4 | | | | 7 | | 12 | | |
| | | | 1 | | | | | | | 16 | 9 | | | | |
| | | 16 | | 9 | 14 | | | | | | 2 | 11 | 10 | | |
| | 2 | | | | | 10 | | | 1 | | 16 | | 7 | | 8 |
| | | 1 | | | | | | | | 4 | | | 16 | | |
| 6 | | | | | | | | | 13 | | 15 | | 4 | | 9 |
| | | | | | 9 | | | | | | | | 15 | | 10 |
| | 6 | | | | | | 10 | 1 | | 9 | | 16 | 2 | | 11 |
| 16 | 7 | | | | | | | | | | 13 | | | | |
| 1 | | | | | 16 | | | | | | 11 | | | 6 | |
| | | 9 | | | 1 | | | | | 15 | 6 | | | | 7 |
| | 9 | | 6 | 12 | | | | 7 | 11 | | | 2 | | | |
| | | | | | | | | | | | 12 | | | | 15 |
| | | 2 | | | | | | | | | 3 | 13 | | | |
| | | | 3 | | | | | | 9 | | | 10 | 14 | | |

www.ingramcontent.com/pod-product-compliance
Lightning Source LLC
Chambersburg PA
CBHW031537210526
45464CB00003B/1045
*9798746814470*